建筑工人职业技能培训教材

装饰装修工程系列

涂 裱 工

《建筑工人职业技能培训教材》编委会 编

中国建材工业出版社

图书在版编目(CIP)数据

涂裱工 /《建筑工人职业技能培训教材》编委会编
. —— 北京:中国建材工业出版社,2016.8(2018.1 重印)
建筑工人职业技能培训教材
ISBN 978-7-5160-1538-4

Ⅰ. ①涂… Ⅱ. ①建… Ⅲ. ①工程装修-涂漆-技术
培训-教材②工程装修-裱糊工程-技术培训-教材
Ⅳ. ①TU767

中国版本图书馆 CIP 数据核字(2016)第 145024 号

涂裱工
《建筑工人职业技能培训教材》编委会 编
出版发行:中国建材工业出版社
地　　址:北京市海淀区三里河路 1 号
邮　　编:100044
经　　销:全国各地新华书店
印　　刷:北京雁林吉兆印刷有限公司
开　　本:850mm×1168mm 1/32
印　　张:7.25
字　　数:160 千字
版　　次:2016 年 8 月第 1 版
印　　次:2018 年 1 月第 2 次
定　　价:24.00 元

本社网址:www.jccbs.com　微信公众号:zgjcgycbs
本书如出现印装质量问题,由我社市场营销部负责调换。电话:(010)88386906

《建筑工人职业技能培训教材》

编审委员会

前　　言

《中华人民共和国就业促进法》、国务院《关于加快发展现代职业教育的决定》[国发(2014)19号]、住房和城乡建设部《关于印发建筑业农民工技能培训示范工程实施意见的通知》[建人(2008)109号]、住房和城乡建设部《关于加强建筑工人职业培训工作的指导意见》[建人(2015)43号]、住房和城乡建设部办公厅《关于建筑工人职业培训合格证有关事项的通知》[建办人(2015)34号]等相关文件,对全面提高工人职业操作技能水平,以保证工程质量和安全生产做出了明确的要求。

根据住房和城乡建设部就加强建筑工人职业培训工作,做出的"到2020年,实现全行业建筑工人全员培训、持证上岗"具体规定,为更好地贯彻落实国家及行业主管部门相关文件精神和要求,全面做好建筑工人职业技能教育培训,由中国工程建设标准化协会建筑施工专业委员会、黑龙江省建设教育协会、新疆建设教育协会会同相关施工企业、培训单位等,组织了由建设行业专家学者、培训讲师、一线工程技术人员及具有丰富施工操作经验的工人和技师等组成的编审委员会,编写这套《建筑工人职业技能培训教材》。

本套丛书主要依据住房和城乡建设部、人力资源和社会保障部发布的《职业技能岗位鉴定规范》《中华人民共和国职业分类大典(2015年版)》《建筑工程施工职业技能标准》《建筑装饰装修职业技能标准》《建筑工程安装职业技能标准》等标准要求,以实现全面提高建设领域职工队伍整体素质,加快培养具有熟练操作技能的技术工人,尤其是加快提高建筑业农民工职业技能水平,保证建筑工程质量和安全,促进广大农民工就业为目标,重点抓住建筑工人现场施工操作技能和安全为核心进行编制,"量身订制"打造了一套适合不同文化层次的技术工人和读者需要的技能培训教材。

本套教材系统、全面地介绍了各工种相关专业基础知识、操作技能、安全知识等,同时涵盖了先进、成熟、实用的建筑工程施工技术,还包括了现代新材料、新技术、新工艺和环境、职业健康安全、节能环保等方面的知识,力求做到了技术内容最新、最实用,文字通俗易懂,语言生动简洁,辅以大量直观的图表,非常适合不同层次水平、不同年龄的建筑工人职业技能培训和实际施工操作应用。

丛书共包括了"建筑工程"、"装饰装修工程"、"安装工程"3大系列以及《建筑工人现场施工安全读本》,共25个分册:

一、"建筑工程"系列,包括8个分册,分别是:《砌筑工》《钢筋工》《架子工》《混凝土工》《模板工》《防水工》《木工》和《测量放线工》。

二、"装饰装修工程"系列,包括8个分册,分别是:《抹灰工》《油漆工》《镶贴工》《涂裱工》《装饰装修木工》《幕墙安装工》《幕墙制作工》和《金属工》。

三、"安装工程"系列,包括8个分册,分别是:《通风工》《安装起重工》《安装钳工》《电气设备安装调试工》《管道工》《建筑电工》《中小型建筑机械操作工》和《电焊工》。

本书根据"涂裱工"工种职业操作技能,结合在建筑工程中实际的应用,针对建筑工程施工材料、机具、施工工艺、质量要求、安全操作技术等做了具体、详细的阐述。本书内容包括涂裱工作的作用及技巧,常用材料,常用工具、机具及设备,基底处理,涂料(油漆)的调配,油漆施工操作,涂料施工操作,壁纸裱糊施工,玻璃裁切与安装,涂裱工岗位安全常识,相关法律法规及务工常识。

本书对于加强建筑工人培训工作,全面提升建筑工人操作技能水平具有很好的应用价值,不仅极大地提高工人操作技能水平和职业安全水平,更对保证建筑工程施工质量,促进建筑安装工程施工新技术、新工艺、新材料的推广与应用都有很好的推动作用。

由于时间限制,以及编者水平有限,本书难免有疏漏之处,欢迎广大读者批评指正,以便本丛书再版时修订。

编　者

2016 年 8 月　北京

中国建材工业出版社
China Building Materials Press

发展出版传媒　　服务经济建设

传播科技进步　　满足社会需求

目录 CONTENTS

第1部分 涂裱工岗位基础知识

一、涂裱工作的作用及技巧

建筑装饰装修涂裱工是建筑装饰装修施工中的重要技术工种之一(或称建筑装饰装修施工三大技术工种之一)。它的主要技能及作用是依据建筑装饰装修设计图纸,选用相应的涂料、面料以及配套辅料,运用手工和手提或电动工具以及可移动式电动设备,通过刷、滚、喷、磨、刮、嵌、裱等手段,将涂料覆盖到建筑物内外墙面、顶面、地面以及建筑构配件上,使其形成涂膜,起到美化居住,改善工作环境,保护建筑实体,防水、防火、防霉、吸声等特殊作用,全面细致地体现建筑设计意图。

1. 涂裱工作的地位与作用

(1)建筑装饰装修涂裱工涵盖的作业技能有涂料(油漆)、涂饰、面料裱糊(壁纸、锦缎)、玻璃裁装等,是建筑装饰装修成品的最后一道工序,是体现建筑装饰装修成果的关键工种。熟练掌握建筑装饰装修涂裱技能,对提高装饰装修水平起着重要作用。它的具体作用如下。

①涂裱是建筑工程的终端工程。一项装饰工程是否具备竣工条件,从施工程序上讲,涂裱将起到决定作用。

②涂裱具有装饰功能。看一项工程的装饰水平高低,主要看涂裱(含玻璃)的取材与工艺(除石材、瓷砖及装饰板以外)。它色彩丰富,通过不同工艺可以获得多种装饰效果。

③涂裱工程量占一项工程表层装饰的主要地位。一般工程的涂裱面积约占整个表层装饰的 70％～80％。

④涂裱工程的成本低。涂裱工程比其他装饰面料造价相对要低得多。

⑤涂裱工程的施工工艺相对简单,使用工具也轻便,无需切割、打洞,而是利用自身的黏结性能与建筑实体相结合而融为一个整体,不用一钉一螺。但也有它的特殊性,要用手工操作来完成成品。

⑥涂裱材料的密度与其他饰面材料相比要小得多。涂料刷在墙面上,几乎不增加荷载。

(2)从《建筑工程施工质量验收统一标准》(GB 50300—2013)中可以看到,整个建筑工程分为 9 个分部工程。每个分部工程又分为子分部工程和分项工程。

分部工程中有五项是建筑工程,它们是基础、主体结构、建筑装饰装修、建筑屋面、水电安装工程。

建筑装饰装修工程的子分部工程有:地面、抹灰、门窗、吊顶、轻质隔断、饰面板、幕墙、涂饰、裱糊和软包、细部共 10 项。包含的分项工程达 53 项。可见,装饰装修是建筑工程的重要组成部分。从造价上看,高级装饰装修工程与主体工程已达到 1∶1 的水平。

作为涂裱(玻璃)工程,其在整个装饰装修工程中所占的地位也是十分显著的。现分析如下。

地面工程:水泥砂浆地面、木竹面层、木地板面层、实木复合地板、强化复合地板、竹地板。

抹灰工程:一般抹灰。

门窗:木门窗、钢门窗、特种门窗、门窗玻璃。

轻质隔断:纸面石膏板隔断、玻璃隔断。

细部：橱柜、窗帘盒、窗台板、暖气罩、门窗套、木护栏、扶手、木花饰。

涂饰：10 个子分部工程有 7 个子分部工程（40％分项工程）是需要涂饰施工的。可见涂饰工程在整个建筑工程中的地位和作用的重要性，而且通过涂裱及玻璃安装可以体现建筑物装饰水平。

2. 涂裱工作的操作技巧

涂裱工作是十分复杂的施工过程，其基本操作方法可以归纳为八个字，即"检""调""刮""磨""擦""刷""喷""滚"，这八个字可以说是新工人必须练就的入门技法。

（1）"检"。

就是对需要涂饰的建筑物体进行检查。在工程施工过程中，涂裱工可以说是一个对基底工程进行全面检查的工种，是对前道工序质量的验收工作，是工程施工的终端工程。

①检查的重点：阴阳角、凹凸处、洞眼、钉子、毛刺、尘土、污染。检查同时要随身携带工具，如钳子、铲刀、刷子、棉丝等，随手用钳子将钉子拔掉，用砂纸将毛刺打平，用铲刀将污染物铲除，最后用旧布或棉丝将基底擦拭干净，不留尘土。

②检查顺序：对房间墙面检查应该有一名高级工先行观察四个阴角和阳角是否垂直，墙面踢脚有无缺陷。对门框、门扇检查主要是木材的缺陷、拼缝、棱角等，做到心中有数。

③"检"的方法：目测、手感、量具量、铲刀铲。要求：全面、彻底、无遗漏。

（2）"调"。

①调配腻子的方法：在调配腻子时，首先把水加到填料中，占据填料的孔隙，减少填料的吸油量，有利于打磨。为避免油水

分离,最后再加一点填料以吸尽多余的水分。

②配石膏腻子时,应油、水交替加入。这是因为石膏遇水,不久就变硬,而光加油会吸进很多油且干后不易打磨。交替加入,油、水产生乳化反应,所以刮涂后总有细密的小气孔。这是石膏腻子的特征。

将填料、固结料、粘着料压合均匀,装桶后用湿布盖好,避免干结。

(3)"刮"。

先补、填洞、嵌缝、补棱角、找平,再刮(批)。

一般分三段刮批腻子。刮板挖腻子略带倾斜,由下往上刮0.8~1m。再翻手同一位置向下刮板成 90°刮,要用腕力,尽量将腻子刮薄,达到墙面平整为宜。

(4)"磨"。

折叠砂纸:一张砂纸应该折成四小张,砂面要向内,使用时再翻开叠。

握砂纸:要保证砂纸在手中不移动脱落,应该是手指三上两下,将砂纸夹住抽不动为佳。

磨砂纸应该根据不同部位采用不同姿势进行,以保证不磨掉棱角为佳。

木材面打磨砂纸要遵循顺木纹的原则。

大面平磨砂纸应该由近至远,手掌两块肌肉紧贴墙面。当砂纸往前推进时,掌心两股肌肉可以同时起到检查打磨质量的作用,做到磨检同步,既节省时间、减少工序,又可立即补正。

(5)"擦"。

擦揩包括清洁物件、修饰颜色、增亮涂层等多重作用。

①擦涂颜色。掌握木材面显木纹清水油漆的不同上色的揩擦方法(包括润油粉、润水粉揩擦和擦油色),做到快、匀、净、洁

四项要求。

快:擦揩动作要快,并要变化揩的方向,先横纤维或呈圆圈状用力反复揩涂。设法使粉浆均匀地填满实木纹管孔。匀:凡需着色的部位不应遗漏,应揩到均匀,揩纹要细。洁净:擦揩均匀后,还要用干净的棉纱头进行横擦竖揩,直至表面的粉浆擦净,在粉浆全部干透前,将阴角或线角处的积粉,用剔脚刀或剔角筷剔清,使整个物面洁净,水纹清晰、颜色一致。

②擦漆片。擦漆片一般是用白棉布或白的确良包上一团棉花拧成布球,布球大小根据所擦面积而定,包好后将底部压平,蘸满漆片,在腻子上画圈或画"8"字形或进行曲线运动,像刷油那样挨排擦匀。

漆片不足,手下发涩时,要停擦,再次蘸漆片接着擦。

(6)"刷"。

刷涂是用排笔、毛刷等工具在物体饰面上涂饰涂料的一种操作。涂刷前应该检查基底是否已经处理完好,环境是否符合要求。刷涂时,首先要调整好涂料的黏度。用鬃刷刷涂的涂料,黏度一般以 $40 \sim 100s$ 为宜($25℃$,涂-4 黏度计),而排笔刷涂的涂料以 $20 \sim 40s$ 为宜。用鬃刷刷涂油漆时,刷涂的顺序是先左后右、先上后下、先难后易、先线角后平面,围绕物件从左向右一面一面地按顺序刷涂,避免遗漏。

用排笔刷油漆时,要始终顺木纹方向涂刷,蘸漆量要合适,不宜过多,下笔要稳、准,起笔、落笔要轻快,运笔中途可稍重些。刷平面要从左到右;刷立面要从上到下,刷一笔是一笔,两笔之间不可重叠过多。

(7)"喷"。

喷涂是用手压泵或电动喷浆机压缩空气将涂料涂饰于物面的机械化操作方法。

　　喷涂施工的基本操作方法如下：

　　①手执喷枪要稳，涂料出口应与被喷涂面垂直，不得向任何方向倾斜。

　　②喷枪移动长度不宜太大，一般以 70～80cm 为宜。喷涂行走路线应成直线，横向或竖向往返喷涂，往返路线应按 90°圆弧形状拐弯，见图 1-1，而不要按很小的角度拐弯。

图 1-1　喷枪移动示意图

(a)横向喷涂路线；(b)竖向喷涂路线

　　③喷涂面的搭接宽度，即第一行喷涂面和第二行喷涂面的重叠宽度，一般应控制在喷涂面宽度 1/3～1/2，以便使涂层厚度比较均匀，色调基本一致。

　　④喷枪移动时，应与喷涂面保持平行，而不要将喷枪做弧形移动。同时，喷枪的移动速度要保持均匀一致，这样涂膜的厚度才能均匀。

　　⑤喷涂时应先喷门窗口附近。涂层一般要求两遍成活。墙面喷涂一般是头遍横喷，第二遍竖喷，两遍之间的间隔时间，随涂料品种及喷涂厚度而有所不同，一般在 2h 左右。

　　(8)"滚"。

　　滚涂施工的基本操作方法如下。

　　①先将涂料倒入清洁的容器中，充分搅拌均匀。

②根据工艺要求适当选用各种类型的辊子,如压花辊、拉毛辊、压平辊等,用辊子蘸少量涂料或蘸满涂料在钢丝网上来回滚动,使辊子上的涂料均匀分布,然后在涂饰面上进行滚压。

③在容器内放置一块比辊略宽的木板,一头垫高成斜坡状,辊子在木板上辊一下,使多余的涂料流出。

二、常用材料

1.油漆

(1)常用清漆的品种、性能及用途。

①酚醛清漆。它是由松香改性酚醛树脂与干性油熬炼,加催干剂和200号溶剂汽油或松节油作溶剂制成的长油度清漆。其耐水性比酯胶清漆好,但容易泛黄,主要适用于普通、中级家具罩光和色漆表面罩光。

②酯胶清漆。它是由干性油和甘油松香加热熬炼后,加入200号溶剂汽油或松节油调配制成的中、长油度清漆,其漆膜光亮、耐水性较好,但次于酚醛清漆,有一定的耐候性,适用于普通家具罩光。

③醇酸清漆。它是由干性油改性的中油度醇酸树脂溶于松节油或200号溶剂、汽油与二甲苯的混合溶剂中,并加适量催干剂制成。其漆的附着力、耐久性比酯胶清漆和酚醛清漆都好,能自干,耐水性次于酚醛清漆。适用于室内外木器表面和作醇酸磁漆表面罩光用。

④过氯乙烯木器清漆。它是由过氯乙烯树脂、松香改性酚醛树脂、蓖麻油松香改性醇酸树脂等分别加入增韧剂、稳定剂、酯、酮、苯类溶剂制成。其干燥较快,耐火,保光性好,漆膜较硬,可打蜡抛光,耐寒性也较好,供木器表面涂刷用。

⑤硝基木器清漆。它是由硝化棉、醇酸树脂、改性松香、增韧剂、酯、酮、醇、苯类溶剂组成。漆膜具有很好的光泽,可用砂蜡、光蜡抛光,但耐候性较差,适用于中、高级木器表面等涂饰。

⑥过氯乙烯清漆。它是由过氯乙烯树脂与氯族苯等增韧剂、酯、酮、苯类溶剂制成。其干燥快、颜色浅、耐酸碱盐性能好,但附着力差,适用于化工设备管道表面防腐及木材表面防火、防腐、防霉用。

⑦硝基内用清漆。它是由低黏度硝化棉、甘油、松香酯、不干性醇酸、树脂、增韧剂、酯、醇、苯等溶剂组成。漆膜干燥快,有较好的光泽,但户外耐久性差,适用于室内木器涂饰,也可供硝基内用磁漆罩光。但不宜打蜡抛光,适宜做理光工艺。

⑧丙烯酸木器漆。主要成膜物质是甲基丙烯酸不饱和聚酯和甲基丙烯酸酯改性醇酸树脂,使用时按规定比例混合,可在常温下固化,漆膜丰满,光泽好,经打蜡抛光后,漆膜平滑如镜,经久不变。漆膜坚硬,附着力强,耐候性好,固体含量高,适用于中高级木器涂饰。

⑨聚氨酯清漆。有甲、乙两个组分:乙组分是由精制蓖麻油、甘油松香与邻苯二甲酸酐缩聚而成的羟基树脂。甲组分由羟基聚酯和甲苯二异氰酸酯的预聚物组成。其附着力强,坚硬耐磨,耐酸碱性和耐水性好,漆膜丰满、平滑光亮。适用于木器家具、地板、甲板等涂饰。

(2)常用色漆的品种、性能及用途。

①各色酚醛地板漆。它是由中油度酚醛漆料、体质颜料、铁红等着色颜料经研磨,加催干剂、200号溶剂汽油等制成。漆膜坚韧、平整光亮,耐水、耐磨性好,适用于木质地板或钢质甲板。

②各色醇酸磁漆。它是由中油度醇酸树脂、催干剂、颜料、

有机溶剂制成。漆膜平整光亮、坚韧,机械强度和光泽度好,保光保色,耐水性次于酚醛清漆,耐候性优于酚醛磁漆,适用于室内各种木器涂饰。

③各色过氯乙烯磁漆。它是由过氯乙烯树脂、醇酸树脂、颜料、增韧剂和酯、酮、苯类溶剂制成。其干燥较快,漆膜光亮,色泽鲜艳,能打磨,耐候性好。适用于航空、金属、织物及木质表面用漆。

④各色油性调和漆。它是由干性油、颜料、体质颜料经研磨后加催干剂、200 号溶剂汽油或松节油制成。比酯胶调和漆耐候性好,但干燥慢、漆膜较软,适用于室内外木材、金属和建筑物等表面涂饰。

⑤各色酚醛调和漆。它是由长油度松香改性酚醛树脂与着色颜料、体质颜料经研磨后,加催干剂、200 号溶剂汽油制成。漆膜光亮、色泽鲜艳,适用于室内外一般金属和木质物体等的不透明涂饰。

⑥各色环氧磁漆。它是由环氧树脂色浆与乙二胺(或乙二胺加成物)双组分按比例混合而成。其附着力、耐油耐碱、抗潮性能很好,适用于大型化工设备、贮槽、贮管、管道内外壁涂饰,也可用于混凝土表面。

⑦各色丙烯酸磁漆。它是由甲基丙烯酸酯、甲基丙烯酸、丙烯酸共聚树脂等分别加入颜料、增韧剂、氨基树脂、酯、酮、醇、苯类溶剂制成,具有良好的耐水、耐油、耐光、耐热等性能。可在 150℃左右长期使用,供轻金属表面涂饰。

⑧各色过氯乙烯防腐漆。它是由过氯乙烯树脂、醇酸树脂、颜料、增韧剂和酯、酮、苯类溶剂制成,具有优良的耐酸、耐碱、耐化学性。常用于化工机械、管道、建筑五金、木材及水泥表面的涂饰,以防止酸、碱等化学药品及有害气体的侵蚀。

2.常用水乳性涂料

(1)乳胶漆。

乳胶漆是一种浆状的新型涂料,也称乳胶涂料。它是由合成树脂乳液加入颜料、填充料以及保护胶体、增塑剂、润湿剂、防冻剂、消泡剂、防霉剂等辅助材料,经过研磨或分散处理后制成涂料。合成树脂乳胶漆有以下特点。

①乳胶漆以水作为分散介质,完全不用油脂和有机溶剂,调制方便,不污染空气,不危害人体。

②施工方便,涂刷性好。施工时可以采用刷涂、滚涂、喷涂等方法。

③涂膜透气性好。它的涂膜是气空式的,内部水分容易蒸发,因而可以在 15％含水率的墙面上施工。

④涂膜平整,色彩明快而柔和,附着力强,耐水、耐碱、耐候性良好。

⑤涂层结膜迅速。在常温下(25℃左右)30min 内表面即可干燥,120min内可完全干燥成膜。

乳胶漆的品种很多,有醋酸乙烯乳胶漆、丙烯酸酯乳胶漆、苯丙乳胶漆、乙丙乳胶漆等。

a.醋酸乙烯乳胶漆。醋酸乙烯乳胶漆是由醋酸乙烯共聚乳液加入颜料、填充料及各种助剂,经过研磨或分散处理而制成的一种乳液涂料。醋酸乙烯乳胶漆以水作分散介质,无毒,无臭味,不燃。涂料体质细腻,涂膜细洁、平滑、无光,色彩鲜艳,有良好的装饰效果。涂膜透气性好,可以在含水率8％以下潮湿墙面上施工,不易产生气泡。施工可采用刷涂、滚涂等方法,施工工具容易清洗,适宜于作内墙面涂饰。

b.丙烯酸酯乳胶漆。丙烯酸酯乳胶漆是一种优质外墙涂料,亦称为纯丙烯酸酯聚合物乳胶漆。它由甲基丙烯酸甲酯、丙烯酸丁酯、丙烯酸乙酯等丙烯酸多单体加入乳化剂、引发剂等,经过乳液聚合反应而制得纯丙烯酸酯乳液,以该乳液作为主要成膜物质,再加入颜料、填充料水及其他助剂,经分散、混合、过滤而成乳液型涂料。

c.苯丙乳胶漆。苯丙乳胶漆种类有 SB12-71 苯丙无光乳胶漆、SB12-31 苯丙有光乳胶漆等。

SB12-31 苯丙乳胶漆是由苯乙烯酸酯共聚的乳液为基料,以水作稀释剂,加入颜料及各种助剂分散而成的一种水性涂料。它以水作分散介质,具有干燥快、无毒、不燃等优点,施工方便,可采用刷涂、滚涂、喷涂等方法进行操作。漆膜附着力、耐候、耐水、耐碱性均好,且有良好的保光、保色性。可在室内外墙面上使用,并可代替一般油漆和部分醇酸漆在室外使用,故适用于高层建筑和各种住宅的内外墙装饰涂装。

d.乙丙乳胶漆。乙丙乳胶漆有 VB12-31 有光乙丙乳胶漆和 VB12-71 无光乙丙乳胶漆等。乙丙乳胶漆(有光、无光等)采用乙酸乙烯酯、丙烯酸酯等单体为主要原料,经乳液聚合而成高分子聚合物,加入颜料、填充料和各种助剂配制而成。它有如下的特性和用途:用水稀释,无毒、无味,易加工,易清洗,可避免因使用有机溶剂而引起的火灾和环境污染;涂层干燥快,涂膜透气性好;涂膜耐擦洗性好,可用清水或肥皂水清洗;漆质均匀而不易分层,遮盖力好。

它的突出优点是涂膜光泽柔和,耐候性、保光性、保色性都很优异,在正常情况下使用,其涂膜耐久性可达 5～10 年以上。施工方便,可采用喷涂、刷涂、滚涂等方法进行,施工温度应在 4℃以上,头道漆干燥时间约为 2～6h,二道漆干燥时间为 24h。

（2）仿瓷涂料。

仿瓷涂料是一种新型无溶剂涂料，它填补了一般涂料在某些性能上的不足，涂刷后的表面具有瓷面砖的装饰效果。

仿瓷涂料主要用于建筑物的内墙面，如厨房、餐厅、卫生室、浴室以及恒温车间等的墙面、地面。特别适用于铸铁、浴缸、水泥地面、玻璃钢制品表面，还能涂饰高级家具等。

仿瓷涂料的涂膜具有突出的耐水性、耐候性、耐油及耐化学腐蚀性能，附着力强，可常温固化，干燥快，涂膜硬度高，柔韧性好，具有优良的丰满度，不需抛光打蜡，涂膜的光泽像瓷器。

由于该涂料具有优良的高光泽，墙面用白色涂料涂刷，犹如接缝的大块瓷砖贴于墙面，其光泽显眼夺目，色泽洁净。

仿瓷涂料由 A、B 两个组分组成，A 组分和 B 组分的常规比例为 1：（0.3～0.6），但也可按被涂物的要求配制，B 组分量多，涂膜硬度高，反之涂膜柔韧性好。两组分混合后搅拌均匀，静置数分钟，待气泡消失方能施工。该涂料的施工与一般油漆相同，施工前必须将被涂物基层表面的油污、凸疤、尘土等清理干净，并要求基层干燥平整，施工墙面含水率一般控制在 8% 以下。不平整的被涂基层，必须用腻子批刮填平。涂料的使用必须随配随用，A、B 两个组分混合后，最宜在 8～10h 内用完，最多不得超过 12h，否则涂料会增稠胶化，不能使用。涂施剩余的涂料，不得再倒入原装容器内，否则会影响原装涂料的施工质量。涂料施工后，保养期为 7 天，在 7 天内不能用沸水或含有酸、碱、盐等液体浸泡，也不能用硬物刻画或磨涂膜。

（3）丙烯酸酯外墙涂料。

丙烯酸酯外墙涂料是以热塑性丙烯酸酯合成树脂为主要成膜物质，加入溶剂、颜料、填充料、助剂等，经研磨后制成的一种溶剂挥发型涂料。它是国内外建筑外墙涂料的主要品种之一，其装饰效果良好,使用寿命约在 10 年以上。该涂料已在高层住宅建筑外墙及与装饰混凝土饰面配合应用,效果甚佳。目前主要用于外墙复合涂层的罩面涂料。

丙烯酸酯涂料中常用的溶剂有丙酮、甲乙酮、醋酸溶纤剂及醋酸丁酯等。此外,芳香烃及氯烃也都是较好的溶剂。溶剂的用量在 50%～60%,为了改善涂料的性能,还可以加入少量的其他助剂,如偶联剂、紫外线吸收剂等。偶联剂的加入量为涂料的 1% 左右。

丙烯酸酯外墙涂料有如下特点:耐候性良好,长期日晒雨淋,涂层不易变色、粉化或脱落;渗透性好,与墙面有较好的黏结力,并能很好地结合,使用时不受温度限制,在零度以下的严寒季节施工,也能很快干燥成膜;施工方便,可采用刷涂、滚涂、喷涂等工艺;可以按用户的要求,配制成各种颜色。

(4)氯化橡胶外墙涂料。

氯化橡胶外墙涂料又称为氯化橡胶水泥漆。它是由氯化橡胶、溶剂、增塑剂、颜料、填充料和助剂等配制而成的溶剂型外墙涂料。

溶剂有芳香族烃类、酯类、酮类、氯化烃等。常用的溶剂有二甲苯、200 号煤焦溶剂,有时也可加入一些 200 号溶剂汽油以降低对于底层涂膜的溶解作用,从而增进涂刷性与重涂性。

氯化橡胶外墙涂料有如下特点:氯化橡胶涂料为溶剂挥发型涂料,涂刷后随着溶剂的挥发而干燥成膜。在常温的气温环境中 2h 以内可表干,数小时后可复涂第二遍,比一般油性漆快干数倍。氯化橡胶涂料施工不受气温条件的限制,可在 -70℃ 低温或 50℃ 高温环境中施工,涂层之间结合力、附着力好。涂料对水泥和混凝土表面及钢铁表面具有良好的附着力。氯化橡胶外墙涂料具有优良的耐碱、耐水和耐大气中的水汽、潮湿、腐蚀性气体的性能,其次还具有耐酸和耐氧化的性能,有良好的耐久性和耐候性。涂料能在户外长期暴晒,稳定性好,漆膜物化性能变化小。涂膜内含大量氯,霉菌不易生长,因而有一定的防霉功能。氯化橡胶涂层具有一定的透气性,因而可以在基本干燥的基层墙面上施工。

(5)水乳型环氧树脂外墙涂料。

水乳型环氧树脂涂料是由 E-44 环氧树脂配以乳化剂、增稠剂、水,通过高速机械搅拌分散为稳定性好的环氧乳液,再与颜料、填充料配制而成的厚浆涂料(A 组分),以固化剂(B 组分)与之混合均匀而制得。这种外墙涂料采用特制的双管喷枪可一次喷涂成仿石纹(如花岗石纹等)的装饰涂层。

水乳型环氧树脂外墙涂料的特点是与基层墙面黏结牢固,涂膜不易粉化、脱落,有优良的耐候性和耐久性。

在喷涂时,为了防止涂料飞溅于其他饰面而污染,对门窗等部位必须用塑料薄膜或其他材料遮挡,如有污染应及时用湿布抹净。双组分涂料施工,应现配现用,调配时间过长会影响施工质量。涂料的使用时间一般以当天施工的气温而定。为了增加其涂层表面的光亮度,常采用溶剂型丙烯酸涂料或乳液型涂料罩面,罩面时应待涂层彻底固化干燥后进行。

3. 常用辅助材料

(1)腻子。

腻子是用来将物面上的洞眼、裂缝、砂眼、木纹鬃眼以及其他缺陷填实补平,使物面平整。腻子一般由体质颜料与胶粘剂、着色颜料、水或溶剂、催干剂等组成。常用的体质颜料有大白粉、石膏、滑石粉、香晶石粉等。胶粘剂一般有血料、熟桐油、合成树脂溶液、清漆、乳液、鸡脚菜及水等。腻子应根据基层、底漆、面漆的性质选用,最好是配套使用。

(2)填充料(体质颜料)。

熟石膏粉加水后成石膏浆,具有可塑性,并迅速硬化。石膏浆硬化后,膨胀量约为1%。用它调成的腻子,韧性好,批刮方便,干燥快,容易打磨。

滑石粉是由滑石和透闪石矿和混合物精研加工成的白色粉状材料。它在腻子中能起抗拉和防沉淀的作用,同时还能增强腻子的弹性、抗裂性和和易性。

碳酸钙俗称大白粉、老粉、白垩土。它是由滑石、矾石或青石等精研加工成的白色粉末状材料。它在腻子中主要起填充扩大腻子体积的作用,并能增强腻子的硬度。

(3)溶剂。

溶剂主要是用于稀释胶粘材料,腻子使用的溶剂主要有松香水、松节油、200号溶剂汽油、煤油、香蕉水、酒精和二甲苯等。

(4)颜料。

颜料在腻子中起着色作用,其用量在腻子的组成中只占很少一部分。

(5)水。

水可以提高腻子的和易性和可塑性,便于批刮,并有助于石膏的膨胀。调配腻子应用洁净的水,pH值为7。

(6)着色材料。

①染料:主要用来改变木材的天然颜色,在保持木材自然纹理的基础上使其呈现有鲜艳透明的光泽,提高涂饰面的质量。染料色素能渗入到物体内部使物体表面的颜色鲜艳而透明,并有一定的坚牢度。

②填孔料:填孔料有水老粉和油老粉,是由体质颜料、着色颜料、水或油等调配而成。水性填孔料和油性填孔料的组成、配

比和特性见表 1-1。

表 1-1　　　　　　　填孔料的组成、配比和特性

种类	材料组成及配比(重量比)		特点
水性填孔料	大白粉	65%～72%	调配简单、施工方便、干燥快、着色均匀、价格便宜；但易使木纹膨胀、易收缩、开裂、附着力差、木纹不明显
	水	28%～35%	
	颜料	适量	
油性填孔料	大白粉	60%	木纹不会膨胀，收缩开裂少，干后坚固，着色效果好，透明，附着力好，吸收上层涂料少；但干燥慢，价格高，操作不如水老粉方便
	清油	10%	
	松香水	20%	
	煤油	10%	
	颜料	适量	

(7)胶料。

主要用于水浆涂料或调配腻子用，有时也做封闭涂层用，常用的胶粘材料有血料、熟桐油（光油）、清油、清漆、合成树脂溶液、纤维素、菜胶、108 胶和水等。它与填充颜料拌在一起，在腻子中起到重要的粘结作用，使腻子与物体表面结成牢固的腻子层。常用的胶料有以下几种。

①血料：常用的血料为熟猪血，将生猪血加块石灰经调制后便成熟猪血。生猪血用于传统油漆打底，熟猪血用于调配腻子或打底。血料是一种传统的胶料剂，由于猪血难以储存，如今在一般装饰工程上，已被 108 胶或其他化学胶取代。

②熟桐油：又称光油，具有光泽亮、干燥快、耐磨性好等特点。

③白孔胶：又称聚醋酸乙烯乳液，黏结强度好，无毒、无臭、无腐蚀性，使用方便，价格便宜。它是当前做水泥地面涂层和粘贴塑料面板用量最多的一种胶粘剂。

④皮胶和滑胶:多用于木材粘接及墙面粉浆料的胶粘剂。

⑤108 胶:为聚乙烯醇醛胶粘剂进行氨基化改性后制成的无毒、无味、不燃的水溶性胶,有良好的黏结性,可用水稀释剂。它可作玻璃纤维墙布、塑料墙纸的裱糊胶。与水泥、砂配成聚合砂浆,有一定的防水性和良好的耐久性及黏结性,可调配彩色弹涂色浆的粘结材料。

⑥其他合成胶:主要有尿醛树脂、酚醛树脂、三聚氰胺—甲醛树脂、环氧—聚酰胺树脂和酚醛—乙烯树脂等。

(8)研磨材料。

按其用途可分为打磨材料、脱漆剂和抛光材料。

①打磨材料:国内常用的木砂纸和砂布,其代号是根据磨料的粒径来划分的,代号越大,磨料越粗。而水砂纸则相反,代号越大,磨粒越细。

②脱漆剂:金属物件、家具器具、建筑物等更新或翻修时,需要将旧漆膜彻底清除,才能重新涂刷漆膜。主要用于砌底清除旧漆膜,如用于金属物件、家具器具、建筑物等更新式翻修。

③抛光剂:是提高漆面光滑、光亮、平整、耐久和美观的重要辅助材料。常用的抛光剂一般是砂蜡和上光蜡。砂蜡一般用于硝基漆、过氯乙烯漆、虫胶漆表面的抛光;光蜡不含磨料,不能将漆膜磨平,主要用于涂层表面的上光。

工厂生产的脱漆剂有 T-1 脱漆剂、T-2 脱漆剂、T-3 脱漆剂。

自行配制的脱漆剂有以下几种。

a.用老粉 5 份、氢氧化钠 1 份、水 6 份制成糊状,即可涂刷于旧木器表面。

b.用纯碱与水溶解后加入生石灰配成火碱水,其浓度以能使漆膜发软起皱为准。

c.氢氧化钠(烧碱)16 份溶解于 30 份水中,再加入 18 份生石灰粉末,充分搅拌后加入 10 份机油,再加入 22 份碳酸钙即成脱漆剂。

4.壁纸

壁纸以纸为基材,上面覆有各种色彩或图案的装饰面层,用于室内墙面或顶棚装饰的一种饰面材料,以布为基材者称为壁布。

(1)壁纸的分类。

壁纸为目前国内外使用最广的室内装饰材料之一,它通过印花、压花、发泡等不同工艺可取得仿木纹、石纹、锦缎和各种织物的外观,增加了装饰效果,所以深受大家的欢迎。随着工业技术的发展,装饰壁纸不但品种越来越多,质量也越来越好,还出现了多种具有特种功能的壁纸,如阻燃壁纸、抗静电壁纸、吸声壁纸、防射线壁纸等。我国目前生产的壁纸品种有塑料壁纸、织物复合壁纸、天然材料面壁纸、金属壁纸及复合纸质壁纸几种。常用的壁纸分类见表 1-2。

表 1-2　　　　　　　　　　壁纸的分类

分类方法	分类内容
按外观装饰效果分	有印花壁纸、压花壁纸、浮雕壁纸等
按使用功能分	有装饰性壁纸、防火壁纸、耐水壁纸、吸声壁纸等
按施工方法分	有现场涂胶裱贴的壁纸和背面有预涂胶可直接铺贴的壁纸
按所用材料分	有壁料壁纸、织物复合壁纸、天然材料面壁纸、金属壁纸、复合纸质壁纸

①塑料壁纸。PVC 塑料壁纸因其制作工艺、外观及性能的

差异,通常被分为普通型、发泡型和特种型 3 小类,每一小类可分出数十个品种,每一种又有几十甚至几百个花色,其分类及说明见表 1-3。产品质量应符合国家有关标准要求。

表 1-3 塑料壁纸的分类及说明

类别	品种	说明	特点及适用范围
普通壁纸	单色轧花壁纸	系以 80g/m² 纸为基层,涂以 100g/m² 聚氯乙烯糊状树脂为面层,经凸版轮转轧花机压花而成	可加工成仿丝绸、织锦缎等多种花色,但底色、花色均为同一单色。此品种价格低,适用于一般建筑及住宅
	印花轧花壁纸	基层、面层同上,系经多套色凹版轮转印刷机印花后再轧花而成	壁纸上可压成布纹、隐条纹、凹凸花纹等,并印各种色彩图案,形成双重花纹,适用于一般建筑及住宅
	有光印花壁纸	基层、面层同上,系在由抛光辊轧光的表面上印花而成	表面光洁明亮,花纹图案美观大方,用途同印花轧花壁纸
	平光印花壁纸	基层、面层同上,系在由消光辊轧平的表面上印花而成	表面平整柔和,质感舒适,用途同印花轧花壁纸
发泡壁纸	高发泡轧花壁纸	系以 100g/m² 的纸为基层,涂以 300~400g/m² 掺有发泡剂的聚氯乙烯糊状料,轧花后再加热发泡而成。如采用高发泡率的发泡剂来发泡,即可制成高发泡壁纸	表面呈富有弹性的凹凸花纹,具有立体感强、吸声、图样真、装饰性强等特点。适用于影剧院、居室、会议室及其他须加吸声处理的建筑物的顶棚、内墙面等处
	低发泡印花壁纸	基层、面层同上。在发泡表面上印有各种图案	美观大方,装饰性强。适用于各种建筑物室内墙面及顶棚的饰面

续表

类别	品种	说明	特点及适用范围
发泡壁纸	低发泡印花压花壁纸	基层、面层同上。系采用具有不同抑制发泡作用的油墨先在面层上印花后,再发泡而成	表面具有不同色彩不同种类的花纹图案,人称"化学浮雕"。有木纹、席纹、瓷砖、拼花等多种图案,图样逼真立体感强,且富有弹性,用途同低发泡印花壁纸
	布基阻燃壁纸	采用特制织物为基材,与特殊性能的塑料膜复合,经印刷压花及表面处理等工艺加工而成	图案质感强、装饰效果好,强度高,耐撞击、阻燃性能好,易清洗,施工方便,更换容易,适用于宾馆、饭店、办公室及其他公共场所
	布基阻燃防霉壁纸	系以特别织物为基材,与有阻燃防霉性能的塑料膜复合,经印刷压花及表面处理等工艺加工而成	产品图案质感强、装饰效果好,强度高、耐撞击、易清洗,阻燃性能和防霉性能好,适用于地下室、潮湿地区及有特殊要求的建筑物等
	防潮壁纸	基层一般不用 $80g/m^2$ 基纸,而采用不怕水的玻璃纤维毡。面层同一般 PCC 壁纸	这种壁纸有一定的耐水,防潮性能,防霉性可达 0 级;适于在卫生间、厨房、厕所及湿度大的房间内作装饰之用
发泡壁纸	抗静电壁纸	系在面层内加以电阻较大的附加料加工而成,从而提高壁纸的抗静电能力	表面电阻可达 $1k\Omega$,适于在电子机房及其他需抗静电的建筑物的顶棚、墙面等处使用
	彩砂壁纸	系在壁纸基材上撒以彩色石英砂等,再喷涂胶粘剂加工而成	表面似彩砂涂料,质感强。适用于柱面、门厅、走廊等的局部装饰
	其他特种壁纸	吸声壁纸、灭菌壁纸、香味壁纸,防辐射壁纸等	

②织物复合壁纸。织物复合壁纸的产品名称及规格见表1-4。

表 1-4　　　　　　　织物复合壁纸的产品名称及规格

产品名称	说明	规格/mm
棉砂壁纸	系以优质纸为基材,与棉纱粘合后,经多色套印而成。产品透气性好,无毒无气味,抗静电、隔热、保温、音响效果好,有多种型号和花色	530×10000
棉纱线壁纸	系以纯棉纱线或化学纤维纱线经工艺胶压而成。产品无毒、无味、吸湿、保暖,透气性好,色彩古朴幽雅,反射光线柔和,线条感强烈	914×5486 914×7315
花色线壁线	为花色线复合型产品,有多种款式	914×73000
天然织物壁纸系列	以天然的棉花、纱、丝、羊毛等纺织类产品为表层制成。产品不宜在潮湿场所采用	(530×10050)/卷 (914×10050)/卷
纺织艺术墙纸	系以天然纤维制成各种色泽、花式的粗细不一的纱线,经特殊工艺处理及巧妙艺术编排,复合于底板绉纸上加工而成。产品无毒、无害、吸声、无反光,透气性能较好	
织物壁纸		914×5500×1.0 914×7320×1.0
纱线壁纸	产品采用国外利先进技术,以棉纱、棉麻等天然织物,经多种工艺加工处理与基纸贴合而成。有印花、压花两大系列共近百个花色品种,具有无毒、无害、无污染、防潮、防晒、阻燃等优点。产品有表面纱线稀疏型、表面彩色印花型、表面压花型	(900×10000)/卷 (530×10000)/卷
高级壁绒	系以高级绒毛为面料制成。产品外观高雅华贵,质感细腻柔软,并具有优良的阻燃、吸声、溶光性,中间有防水层,可防潮、防霉、防蛀	530×10

③天然材料面壁纸。天然材料面壁纸的产品名称、规格见表 1-5。

表 1-5　　　　　　　　　天然材料面壁纸的产品名称及规格

产品名称	花色品种	规格/mm
天然纤维墙纸	系以天然植物的茎条经手工编织加工而成 细葛皮（55～60 根） 粗葛皮（28～32 根） 粗熟麻（28～32 根） 细熟麻（50～55 根） 剑麻（65～70 根） 三角草（22～24 根）	914×7315 914×5486
草编墙纸	多种花色品种	914×7315 914×5486
天然草编壁纸系列	用麻、草、竹、藤等自然材料,结合传统的手工编制工艺制成。产品不适用于卫生间等潮湿的地方	多种规格

④金属壁纸。金属壁纸系以纸为基材,再粘贴一层电化金属箔,经过压合、印花而成。产品具有光亮的金属质感和反光性、给人以金碧辉煌、庄重大方的感觉。它无毒、无气味、无静电、耐湿耐晒、可擦洗、不褪色,适用于高级宾馆、酒楼、饭店、咖啡厅、舞厅等处的墙面、柱面和顶棚面的装饰。

⑤复合纸质壁纸。复合纸质壁纸系将表纸和底纸双层纸施胶、层压、复合在一起,再经印刷、压花、表面涂胶而制成,是当前流行的品种,单层纸质壁纸由于立体效果差,现在已很少生产。这种壁纸又可分为印花与压花同步型和不同步型两类,相比之下,印花与压花同步型的壁纸立体感强,图案层次鲜明,色彩过渡自然,装饰效果可与 PVC 发泡印花压花壁纸相媲美,而且这

种壁纸的色彩比 PVC 壁纸更为丰富,透气性也优于发泡壁纸,且不产生任何异味,价格也较便宜。这种壁纸在欧洲各国很受欢迎,绝大多数家庭和旅馆都喜欢用它来装饰墙面。纸质壁纸主要的缺点是防污性差,且耐擦洗性不如 PVC 壁纸,因而不宜用于人流量大、易污染的场所。其产品名称、品种、规格见表 1-6。

表 1-6　　　　　　　复合纸质壁纸的产品名称、品种及规格

产品名称	品种及说明	规格/mm
纸质涂塑壁纸	系以纸为基层,用高分子乳液涂布面层,经印花、压纹等工艺制成,一般为多花浮雕型,有 A、B、C3 种,几十种花色图案	(530×10050)/卷
纸基壁纸系列	在有特殊耐热性能的纸上直接印花压纹而成	

⑥防火阻燃型壁纸。防火阻燃型壁纸系采用特制织物或防火底纸为基材与有防火阻燃性能的面层复合,经印刷压花及表面处理等工艺加工而成。产品适用于饭店、办公大楼、百货商场、政府机构、银行、医院等场所以及需注意公共安全之场所,如证券公司、展览馆、会议中心、礼堂等。同时具有防霉、抗静电性能的防火阻燃型壁纸,又可用于地下室、潮湿地区、计算机房、仪表房等有防火、防雷、抗静电等特殊要求的房间和建筑物。

(2)壁纸的选用。

壁纸作为一种建筑装饰材料,在使用时不仅要保证施工质量,而且选用的材料要与建筑环境协调一致,这样才能取得良好的装饰效果。

选用壁纸时,应根据装修设计的要求,细心体会和理解建筑师的意图。如个人为自己的居室装饰选用壁纸,则要充分考虑装修房间的用途、大小、光线、家具的式样与色调等因素,力图使

选择的壁纸花色、图案与建筑的环境和格调协调一致。一般说来,老年人使用的房间宜选用偏蓝偏绿的冷色系壁纸,图案花纹也应细巧雅致;儿童用房其壁纸颜色宜鲜艳一些,花纹图案也应活泼生动一些;青年人的住房应配以新颖别致、富有欢快软松之感的图案。空间小的房间,要选择小巧图案的壁纸;房间偏暗,用浅暖色调壁纸易取得较好的装饰效果。客厅用的壁纸应高雅大方,而卧室则宜选用柔和而有暖感的壁纸。

(3)壁纸的粘贴。

①对基层进行处理,对各种墙面要求平整、清洁、干燥,颜色均匀一致,应无空隙、凹凸不平等缺陷。

②基层处理并待干燥后,表面满涂基层涂料一遍,要求薄而均匀。

③在基层涂料干后,划垂直线作标准。

④根据实际尺寸,统筹规划裁纸,并把纸幅编号。准备上墙粘贴的壁纸,纸背预先闷水一道,再刷胶粘剂一遍。

⑤粘贴时采用纸面对折上墙,纸幅要垂直,光对花,对纹,拼缝,然后由薄钢片刮板由上而下赶压,由拼缝向外向下顺序压平、压实。

(4)注意事项。

壁纸花纹应图案完整,纵横连贯一致、色泽均匀,表面应平整、粘结紧密,无空鼓、气泡、皱褶、翘边、污迹,无离缝、搭缝等。与顶棚、挂镜线、踢脚线等交接处粘结应顺直。

5. 壁布

装饰壁布又称装饰贴墙布,系以布为基材,上面覆有各种色彩或图案的装饰面层。它包括玻璃纤维壁布、装饰壁布、无纺贴墙布、化纤装饰贴墙布等,主要用于各种建筑物的室内墙面装饰。

（1）玻璃纤维壁布和玻璃纤维印花壁布。

玻璃纤维壁布系以石英为原料，经拉丝，织成人字状网格状的玻璃纤维壁布，将这种壁布贴在墙上后，再涂刷各种色彩的乳胶漆，即形成多种色彩和纹理的装饰效果。玻璃纤维印花壁布系以中碱玻璃纤维布为基材，表面涂以耐磨树脂印上彩色图案而成。产品色彩鲜艳，花色多样，并有布纹质感。

玻璃纤维壁布具有无毒、无味、防火、防潮、耐擦洗、不老化、抗裂性好、寿命长等特点。其产品名称、规格、性能见表1-7。

表 1-7　　　　　玻璃纤维壁布的产品名称、规格及性能

产品名称	规格/mm	技术性能
玻璃纤维印花壁布	宽:840～870 厚:0.48 长:50000/匹	耐洗性,在1%肥皂水中煮,不褪色 耐火性:离火自熄
玻璃纤维印花壁布	宽:840～880 厚:0.17～0.20	
玻璃纤维印花壁布	宽:840～880 厚:0.17	
玻纤墙布	宽:1000 长:25000、30000、50000(每筒)	阻燃性:B1 级
玻纤壁布	20多种花纹系列	引进德国 21 世纪生产流程,产品具有织纹效果,肌理感强,无毒、阻燃

（2）装饰墙布。

装饰墙布分化纤装饰墙布和天然纤维装饰墙布，前者系以

化纤布为基材,经一定处理后印花而成;后者则以真丝、棉花等自然纤维织物经过前处理、印花、涂层制作而成。这类墙布具有强度大、蠕变性小、无毒、无味、透气等特点。化纤装饰墙布还具有较好的耐磨性,天然织物装饰墙布则还有静电小、吸声等特点。

(3)无纺贴墙布。

无纺贴墙布系以棉、麻、天然纤维或涤、腈等合成纤维经过无纺成型、上树脂、印制彩色花纹而成。该墙布挺括、富有弹性、不易折断、表面光洁而又有羊绒毛感,且具有一定的透气性、防潮性,能用洁净的湿布擦洗,特别是涤棉无纺布,还具有质地细洁、光滑的特点,更宜于高级宾馆、住宅等建筑物装饰之用。

(4)弹性壁布。

弹性壁布系以 EVA 片材或其他片材作基材,以任何高、中、低档装饰布作面料复合加工而成。产品具有质轻、柔软、弹性高、手感好、平整度好、防潮、不老化的特点,并有优良的保温、隔热、隔声性能,可以广泛用于宾馆、酒吧、净化车间、高级会议室、办公室、舞厅和卡拉 OK 厅及家庭室内装饰等。由于充分发挥了 EVA 发泡材料材质细腻、外表光滑、不易吸水的特点,故产品具有优良的防水性能,不致因墙体水分侵蚀而导致复合墙布的潮解和霉变,这是其他软装饰材料不可比之优点。

弹性壁布使用方便,可直接粘贴在水泥墙面或夹板上,可采用喷胶或刷胶两种黏结方法,接口处用铝合金条压缝或直接对接均可。

6. 玻璃

玻璃的种类很多,根据功能和用途,大致可以分为表 1-8 所列的几类。

表 1-8　　　　　　　　　　　建筑玻璃的分类

类别	玻璃品种
平板玻璃	普通平板玻璃、高级平板玻璃(浮法玻璃)
声、光、热控制玻璃	热反射膜镀膜玻璃、低辐射膜镀膜玻璃、导电膜镀膜玻璃、磨砂玻璃、喷砂玻璃、压花玻璃、中空玻璃、镭射玻璃、泡沫玻璃、玻璃空心砖
安全玻璃	夹丝玻璃、夹层玻璃、钢化玻璃
装饰玻璃	彩色玻璃、压花玻璃、喷花玻璃、冰花玻璃、刻花玻璃、彩绘玻璃、镜面玻璃、彩釉玻璃、微晶玻璃、镭射玻璃、玻璃马赛克、玻璃大理石
特种玻璃	防火玻璃、防爆玻璃、防辐射玻璃(铅玻璃)、防盗玻璃、电热玻璃

　　建筑玻璃系指所有应用于建筑工程中各种玻璃的总称。在现代建筑工程中,玻璃已由传统单纯作为采光和装饰用的材料,而向控制光线、调节热量、节约能源、隔声吸声、保温隔热以及降低建筑结构自重、改善环境等多功能方面发展。另外,像防弹玻璃、防盗玻璃、防辐射玻璃、防火玻璃、泡沫玻璃、电热玻璃等这些特种玻璃还具有各种特殊用途,正由于此,建筑玻璃为建筑工程设计提供了更大的选择空间,它也逐渐成为一种重要的建筑装饰装修材料。

　　(1)普通平板玻璃。

　　凡用石英砂岩、钾长石、硅砂、纯碱、芒硝等原料按一定比例配制,经熔窑高温熔融,通过垂直引上或平拉、延压等方法生产出来的无色、透明平板玻璃统称为普通平板玻璃,亦称白片玻璃或净片玻璃。

　　普通平板玻璃价格比较便宜,建筑工程上主要用做门窗玻璃和其他最普通的采光和装饰设备,但此种玻璃韧性差,透过紫外线能力差,在温度和水蒸气的长期作用下,玻璃的碱性硅酸盐能缓慢进行水化和水解作用,即所谓的玻璃"发霉"。另外,由于它本身的制造工艺等因素的影响,产品容易出现质量缺陷,其质量比不上浮法平板玻璃,所以它在许多方面的使用都正在被浮法平板玻璃所取代。

普通平板玻璃按厚度分为 2、3、4、5、6mm 五类,按外观质量分为特选品、一等品和二等品三类。

(2)压花玻璃。

压花玻璃又称花纹玻璃或滚花玻璃,系用压延法生产玻璃时,在压延机的下压辊面上刻以花纹,当熔融玻璃液流经压辊时即被压延而成。

压花玻璃的表面压有深浅不同的花纹图案。由于表面凹凸不平,所以当光线通过玻璃时即产生漫射,因此从玻璃的一面看另一面的物体时,物像就模糊不清,造成了这种玻璃透光不透明的特点。另外,由于压花玻璃表面具有各种花纹图案,又可有各种颜色,因此这种玻璃又具有良好的艺术装饰效果。该玻璃适用于会议室、办公室、厨房、卫生间以及公共场所分隔室等的门窗和隔断等处。

除了普通的压花玻璃外,尚有用真空镀膜方法加工的真空镀膜压花玻璃和采用有机金属化合物和无机金属化合物进行热喷涂而成的彩色膜压花玻璃,后者其彩色膜的色泽、坚固性、稳定性均较其他玻璃要好,花纹图案的立体感也比一般的压花玻璃和彩色玻璃更强,并且具有较好的热反射能力,装饰效果佳,是各种公共设施如宾馆、饭店、餐厅、酒吧、浴池、游泳池、卫生间等的内部装饰和分隔的好材料。

(3)浮法玻璃。

浮法玻璃实际上也是一种平板玻璃,由于生产这种玻璃的方法与生产普通平板玻璃的方法不相同,是由玻璃液浮在金属液上成型的"浮法"制成,故而称为"浮法玻璃"。浮法工艺具有产量高,整个生产线可以实现自动化,玻璃表面特别平整光滑、厚度非常均匀、光学畸变很小等特点,产品质量高,适用于高级建筑门窗、橱窗、夹层玻璃原片、指挥塔窗、中空玻璃原片、制镜玻璃、有机玻璃模具,以及汽车、火车、船舶的风窗玻璃等。

(4)喷砂玻璃及磨砂玻璃。

喷砂玻璃系用普通平板玻璃,以压缩空气将细砂喷至玻璃表面研磨加工而成;磨砂玻璃亦称毛玻璃、暗玻璃,系用普通平板玻璃,以硅砂、金刚砂、石榴石粉等研磨材料将玻璃表面研磨加工而成。这两种玻璃由于表面粗糙,光线通过后会产生漫射,所以它们具有透光不透视的特点,并能使室内光线柔和而避免眩光。

这种玻璃主要用于需要透光不透视的门窗、隔断、浴室、卫生间及玻璃黑板、灯罩等。

(5)镀膜玻璃。

镀膜玻璃有热反射镀膜玻璃、低辐射膜镀膜玻璃、导电膜镀膜玻璃、镜面膜镀膜玻璃四种。由于这种玻璃具有热反射、低辐射、镜面等多种特性,是一种新型的节能装饰材料,被广泛用作幕墙玻璃、门窗玻璃、建筑装饰玻璃和家具玻璃等。

①热反射膜镀膜玻璃。热反射镀膜玻璃又称"阳光控制膜玻璃"或"遮阳玻璃",它具有较高的热反射能力而又有良好的透光性。其性能特点及适用范围如下所述。

热反射膜镀膜玻璃对太阳光中可见光及波长 $0.3\sim2.5\mu m$ 的近红外光有良好的透过性,但对波长为 $3\sim12\mu m$ 的远红外光则具有很高的反射性。因此,这种玻璃对太阳辐射热有较高的反应能力(普通平板玻璃的辐射热反射率为 $7\%\sim8\%$,热反射膜镀膜玻璃则可达 30％以上），可把大部分太阳热反射掉。若用作幕墙玻璃或门窗玻璃,则可减少进入室内的热量,节约空调能耗及空调费用。

热反射膜镀膜玻璃具有一种镜面效应及单向透视特性。从光强的一面对玻璃看去,玻璃犹如镜面一样,可将四周景物映射出来,视线却无法透过玻璃,对光强的一面的景物一览无遗。因此,如以这种玻璃作幕墙,可使整个建筑物如水晶宫一样闪闪发光,从室内向外眺望,可以看到室外景象,而从室外向室内观望,则只能看到一片镜面,对室内景物看不见。这种镜片效应及单向透视特性给建筑设计开拓了广阔的前景,使建筑物进一步迈入更加多彩多姿的美景。

热反射膜镀膜玻璃可有不同的透光率,使用者可根据需要选用一定透光度的玻璃来调节室内的可见光量,以获得室内要求的光照强度,达到光线柔和、舒适的目的。

适用于温、热带气候区。适于作幕墙玻璃、门窗玻璃、建筑装饰玻璃和家具玻璃等。利用热反射膜镀膜玻璃的控光特性,可用以代替窗帘。可用作中空玻璃、夹层玻璃、钢化玻璃、镜片玻璃之原片。

颜色有金、银、铜、蓝、棕、灰、金绿等。

②低辐射膜镀膜玻璃。低辐射膜镀膜玻璃亦称吸热玻璃或茶色玻璃,它既能吸收大量红外线辐射热能而又保持良好的可见光透过率,其特点为:

a.保温、节能性:低辐射膜镀膜玻璃一般能通过 80％的太阳光,辐射能进入室内被室内物体吸收,进入后的太阳辐射热有 90％的远红外热能仍保留在室内,从而降低室内采暖能源及空调能源消耗;故用于寒冷地区具有保温、节能效果。这种玻璃的热传输系数小于 $1.6W/(m^2 \cdot K)$。

b.保持物件不褪色性:低辐射膜镀膜玻璃能阻挡紫外光,如用作门窗玻璃,可防止室内陈设、家具、挂画等受紫外线影响而褪色。

c.防眩光性:低辐射膜镀膜玻璃能吸收部分可见光线,故具有防眩光作用。

低辐射膜镀膜玻璃的颜色有灰、茶、蓝、绿、古铜、青铜、粉红、金、棕等。这种玻璃适用于寒冷地区做门窗玻璃、橱窗玻璃、博物馆及展览馆窗用玻璃、防眩光玻璃,另外可用作中空玻璃、钢化玻璃、夹层玻璃的原片。

(6)钢化玻璃。

钢化玻璃是安全玻璃的一种。钢化玻璃具有弹性好、抗冲击强度高(是普通平板玻璃的 4～5 倍)、抗弯强度高(是普通平板玻璃的 3 倍左右)、热稳定性好以及光洁、透明等特点,而且在遇超强冲击破坏时,碎块呈分散细小颗粒状,无尖锐棱角,因此不致伤人。

钢化玻璃可以薄代厚,减轻建筑物的重量,延长玻璃的使用寿命,满足现代化建筑结构轻体、高强的要求,适用于建筑门窗、玻璃幕墙等。近几年才开发的彩釉钢化玻璃更广泛地应用于玻璃幕墙。

根据国家标准,按应用范围分为建筑用钢化玻璃和建筑以外用钢化玻璃;钢化玻璃按形状分为平面钢化玻璃和曲面钢化玻璃。钢化玻璃不能裁切,所以订购时尺寸一定要准确,以免造成损失。

(7)夹层玻璃。

夹层玻璃是安全玻璃的一种,系以两片或两片以上的普通平板、磨光、浮法、钢化、吸热或其他玻璃作为原片,中间夹以透明塑料衬片,经热压粘合而成。夹层玻璃的衬片多用聚乙烯缩丁醛等塑料材料,介于玻璃之间或玻璃与塑料材料之间起粘结和隔离作用的材料,使夹层玻璃具有抗冲击、阳光控制、隔声等性能。这种玻璃受剧烈震动或撞击时,由于衬片的粘合作用,玻璃仅呈现裂纹,不落碎片。它具有防弹、防震、防爆性能,除适用于高层建筑的幕墙、门窗外,还适用于工业厂房门窗、高压设备观察窗、飞机和汽车挡风窗及防弹车辆、水下工程、动物园猛兽展窗、银行等处。

(8)中空玻璃。

中空玻璃系以同尺寸的两片或多片普通平板玻璃或透明浮法玻璃、彩色玻璃、镀膜玻璃、压花玻璃、磨光玻璃、夹丝玻璃、钢化玻璃等,其周边用间隔框分开,并用密封胶密封,使玻璃层间形成有干燥气体空间的产品,产品有双层和多层之分。这种玻璃(图 1-2)具有优良的保温、

图 1-2　中空玻璃示意图(单位:mm)
1—玻璃;2—干燥剂;3—外层密封胶;
4—内层密封胶;5—间隔框

隔热、控光、隔声性能,如在玻璃与玻璃之间充以各种漫射光材料或介质等,则可获得更好的声控、光控、隔热等效果。中空玻璃除主要用于建筑物门窗、幕墙外,还可用于采光顶棚、花棚温室、冰箱门、细菌培养箱、防辐射透视窗以及车船挡风玻璃等处,在寒冷地区使用,尤为适宜。

7. 玻璃钢

(1)玻璃钢的特点。

玻璃钢又称为玻璃纤维增强材料,它是以玻璃纤维及其制品为增强材料,以合成树脂为胶粘剂,加入多种辅助材料,经过

一定的成型工艺制作而成的复合材料。它具有耐高温、耐腐蚀、电绝缘性好等优点,广泛应用于建筑工程的防腐地面、防腐墙面、防腐废液水池,也适用于国防、石油、化工、车辆、电气等方面。

常用玻璃钢的种类有:环氧玻璃钢、酚醛玻璃钢、呋喃玻璃钢和聚酯玻璃钢等。这几种常用玻璃钢的特点见表 1-9。

表 1-9　　　　　　　　　　　常用玻璃钢的特点

项目	玻璃钢种类			
	环氧玻璃钢	酚醛玻璃钢	呋喃玻璃钢	不饱和聚酯玻璃钢
特点	机械强度高,收缩率小,耐腐蚀性优良,黏结力强,成本较高,耐温性能较差	强度较高,电绝缘性能良好,成本较低。耐热性优良,耐腐蚀性能较好。在室外长期使用后会出现表面风蚀现象	原料来源广,成本较低。耐碱性良好,耐温性较高,强度较差,性能脆,与钢壳黏结力较差	工艺性良好,施工方便(冷固化),强度高,性能和耐化学腐蚀性良好。耐温性差,收缩率大,弱性模量低。不适于制成承力构件,有一定气味和毒性
使用参考温度/℃	<90～100	<120	<180	<90

(2)玻璃钢地面与墙面胶料的配合比。

玻璃钢地面、墙面胶料的配合比见表 1-10。选择玻璃钢地面、墙面胶料配合比应注意以下几方面问题:

①为满足使用要求和保证工程质量,在选择各种不同原材料所制得的玻璃钢以前,必须充分了解防腐地面、墙面的使用要求和各种树脂防腐蚀性能及物理机械性能。然后,根据使用要求来选择合适的树脂和配合比。

②酚醛玻璃钢与混凝土或水泥浆面粘贴时,须用环氧树脂胶料打底做隔离层。

③冬季施工时,固化剂宜多用一些,夏季施工时稀释剂宜多用些。正式施工之前,必须根据气候情况做小型试样,以选定合理的固化剂掺入量。

④酚醛树脂的稀剂为酒精,不可用丙酮。采用硫酸乙酯为固化剂的配合比:浓硫酸∶无水乙醇＝(2～2.5)∶1。

表 1-10　　　　　　　玻璃钢地面、墙面胶料的配合比

配合比（重量比）材料	使用对象	基层打底		腻子料	环氧玻璃钢		酚醛玻璃钢		呋喃玻璃钢	
		第一遍	第二遍		胶料	面层料	胶料	面层料	胶料	面层料
树脂	环氧玻璃钢 酚醛玻璃钢 呋喃玻璃钢	100	100	100	100	100	100	100	100	100
稀释剂	丙酯 酒精(无水)	50～80	40～50	20～30	15～20	10～15	20～30	35	10～20	10～20
固化剂	乙二胺 石油磺酸 硫酸乙酯	6～8	6～8	6～8	6～8	6～8	8～16	8～16	10～14	10～14
填料	石英粉 辉绿岩粉	15～20	15～20	250～350	15～20		20～30	20～30		

三、常用工具、机具及设备

1. 基层处理工具

(1)铲刀。

铲刀应保持良好的刀刃,见图 1-3。

①规格:宽度有 1″、1.5″、2″、2.5″。

②用途:清除旧壁纸、旧漆膜或附着的松散物。

(2)腻子刮铲。

参见本节第(27)项的相关内容。

(3)钢刮板。

钢刮板是带有手柄的薄钢刀片,它的结构比腻子铲刀简单,刀片更柔韧,见图 1-4。

①规格:宽度为 80mm 和 120mm。

②用途:与腻子刮铲相似。

(4)牛角刮刀。

①规格:刀口宽度分大(10cm 以上)、中(4～10cm)、小(4cm)三种。

②用途:板面上刮涂各种腻子。

③使用要点:

板面应平直、透明、无横丝。刀口不必太锋锐,要平整,不能缺口少角。

炎热天气使用中宜 2h 更换一次用具,以免弯曲变形,冬天不可用力过猛以免断裂。

不可在腻子里浸泡时间过长以免变形。如有变形,可用开水浸泡后用平面重物压平或用熨斗烫平。

使用后应擦拭干净,插入木制夹具内。

(5)橡皮刮板。

由耐油、耐溶剂橡皮(3001 号或 3002 号)和木柄构成,见图 1-5。

图 1-3　铲刀

图 1-4　钢刮板

图 1-5　橡皮刮板

①用途:刮涂厚层的水腻子或曲形面上的腻子。

②使用:新刮板要用 2 号砂布将刀口磨齐、磨薄,再用 200 号水砂纸磨细,刀口不应有凹凸现象。

(6)调料刀。

圆头、窄长而柔韧的钢片,见图 1-6。

①规格:刀片长度为 75～300mm。

②用途:在涂料罐里或板上调拌涂料。

③保管:钢片端部不应弯曲、卷起。

(7)腻子刀或油灰刀。

刀片一边是直的,另一边是曲形的,也有两边都是曲形的,见图 1-7。

①规格:刀片长度为 112mm 或 125mm。

②用途:把腻子填塞进小孔或裂缝中。镶玻璃时,可把腻子刮成斜面。

③保管:刀片端部或起有毛刺时应急时修磨。

(8)斜面刮刀。

周围是斜面刀刃,见图 1-8。

图 1-6　调料刀　　　　图 1-7　油灰刀　　　　图 1-8　斜面刮刀

①用途:刮除凸凹线脚、檐板或装饰物上的旧油漆碎片,一般与涂料清除剂或火焰烧除设备配合使用。在填腻子前,可用来清理灰浆表面裂缝。

②保管:经常锉磨,保持刮刀刀刃锋利。

(9)刮刀。

在长手把上装有能替换的短而锋利的刀片,见图 1-9。

①规格:刀片宽度为 45~80mm 之间。

②用途:用来清除旧油漆或木材上的斑渍。

(10)剁刀。

带有皮革手柄和坚韧结实的金属刀片,刀背平直,便于用锤敲打,见图 1-10。

①规格:刀片长为 100mm 或 125mm。

②用途:铲除旧玻璃油灰。

(11)搅拌棒。

坚硬、有孔、叶片形的棒,端部扁平,在搅涂料时,可与涂料罐的底部很贴切,棒上的孔洞便于涂料通过,改善搅拌效果,见图 1-11。

图 1-9　刮刀　　　　　图 1-10　剁刀　　　　　图 1-11　搅拌棒

①规格:各种尺寸都有,长度可达 600mm。

②用途:搅拌涂料。

(12)锤子。

锤子见图 1-12。

①规格:质量在 170~227g 之间。

②用途:可与冲子、錾子、砍刀配合使用。可钉钉子、楔子。可清除大的锈皮。

图 1-12　锤子

(13)钳子。

①规格:150mm、175mm、200mm。

②用途:拔掉钉子和玻璃钉。

(14)冲子。

①规格:端部尺寸为 2mm、3mm、5mm。

②用途:刮腻子前把木材表面上的钉子钉入木表面以下。

(15)直尺。

两边用小木块垫起带有斜边的直木板。

①规格:长度有 300~1000mm。

②用途:用来画线,与画线笔配合使用。

(16)金属刷。

金属刷见图 1-13。

①属性:带木柄,装有坚韧的钢丝。铜丝刷不易引起火花,可用于易燃环境。

②规格:有多种形状,长度为 65~285mm。

③用途:清除钢铁部件上的腐蚀物。

在涂漆前清扫表面上的松散沉积物。

(17)尖镘。

尖镘见图 1-14。

图 1-13　金属刷

图 1-14　尖镘

①规格:刀片为 125mm 或 150mm。

②用途:修补大的裂缝和孔穴。

(18)滤漆筛。

①种类:金属滤漆筛见图 1-15。筛的边沿可用马口铁皮或镀锌铁皮卷成圆桶并装铜网。铜网规格有三种,30 目为粗的,40 目为细的,80 目为最细的。筛子使用完后应立即彻底清洗干净,以免网目被堵塞。用纸板做边,细棉纱做网罩,制成简易滤油筛。也可用尼龙布或细棉纱布直接铺在桶口上。

②用途:滤掉涂料中的杂物或漆皮。

(19)托板。

用油浸胶合板、复合胶合板或厚塑料板制成,见图 1-16。

①规格:用于填抹大孔隙的托板,尺寸为 100mm×130mm;用于填抹细缝隙的托板,尺寸为 180mm×230mm(手柄的长度在内)。

②用途:托装各样填充料,在填补大缝隙和孔穴时用它盛砂浆。

图 1-15　滤漆筛

图 1-16　托板

(20)打磨块。

用木块、软木、毡块或橡胶制成(橡胶制品最耐久)。

①规格:打磨面约为 70mm 宽,100mm 长。

②用途:用来固定砂纸,使砂纸能保持平面,便于擦抹。

（21）圆盘打磨器。

以电动机或空气压缩面带动柔性橡胶或合成材料制成的磨头，在磨头上可固定各种型号的砂纸。

①可打磨细木制品表面、地板面和油漆面，也可用来除锈，并能在曲面上作业，见图 1-17。

②如把磨头换上羊绒抛光布轮，可用于抛光。

③换上金刚砂轮，可用于打磨焊缝表面（注：这种工具使用时应注意控制，不然容易损伤材料表面，产生凹面）。

（22）旋转钢丝刷。

安装在气动或电动机上的杯形或盘形钢丝刷，见图 1-18。

图 1-17　圆盘打磨器　　　　图 1-18　旋转钢丝刷

①应戴防护眼镜。

②在没有关掉开关和停止转动以前，不应从手中放下，以免在离心力作用下抛出伤人。

③直径大于 55mm 的手提式磨轮，必须标有制造厂规定的最大转数。

④在易爆环境中，必须使用磷青铜刷子。

（23）环行往复打磨机。

用电或压缩空气带动，由一个矩形柔韧的平底座组成。在底座上可安装各种砂纸，打磨时底表面以一定的距离往复循环运动。运动的频率因型号不同而异，大约为 6000～20000 次/

min。来回推动的速度越快,其加工的表面就越光。环行打磨机的质量较轻,长时间使用不致使人感到疲倦。

①用途:对木材、金属、塑料或涂漆的表面进行处理和磨光。

②安全保护:电动型的,在湿法作业或有水时应注意安全,气动型的比较安全(注:这种打磨机的工作效率虽然低,但容易掌握,经过加工后的表面比用圆盘打磨机加工的表面细)。

(24)皮带打磨机。

机体上装一整卷的带状砂纸,砂纸保持着平面打磨运动,它的效率比环行打磨机高,见图 1-19。

①规格:带状砂纸的宽度为 75mm 或 100mm,长度为610mm;另外还有一种大的,供打磨地面用。

②用途:打磨大面积的木材表面。打磨金属表面的一般锈蚀。

(25)钢针除锈枪。

枪的端头有许多由气动弹簧推动的硬质钢针。在气流的推动下,钢针不断向前冲击,待撞到物体表面就被弹回来,这样不间断地连续工作,约达到 2400 次/min。每个钢针可自行调节到适当的工作表面,见图 1-20。

图 1-19　皮带打磨机

图 1-20　钢针除锈枪

①用途:用来除锈,特别是一些螺栓帽等不便于处理的圆角凹面;在大面积上使用的效率太低,不经济;可用来清理石制品或装饰性铁制品。

②钢针类型:

a.尖针型:清除较厚的铁锈和较大的轧制氧化皮,但处理后的表面粗糙。

b.扁錾型:作用与尖针型相似,但对材料表面的损害较小,仅留有轻微痕迹。

c.平头型:用它处理金属表面,不留痕迹,可处理较薄的金属表面,也可用在对表面要求不高的地方,如混凝土和石材制品表面。

③安全保护:工作时应戴防护眼镜,不应在易燃环境中使用。在易燃环境中使用,应用特制的无火花型的钢针。

(26)漆膜烧除设备。

①石油液化气气柜。瓶装型气柜以液化石油气、丁烷或丙烷做气源的手提式轻型气柜。气瓶上装有能重复充气的气孔,并能安装各种能产生不同形状火焰和温度的气嘴。根据使用气嘴形状不同,每瓶气可使用 2～4h,见图 1-21。

罐装型气柜软管的一端装有燃烧嘴,另一端固定在装有丁烷或丙烷气的大型罐上。一个气罐可同时安装两个气柜。它比瓶装气柜更轻便、灵活,特别适用于空间窄小的地方,见图 1-22。

一次用完的气柜燃烧嘴安在一个不能充气的气柜筒上,它比其他的气柜瓶都轻便但成本高。这种气柜筒燃烧时间短,火焰的温度比大型气柜低,见图1-23。

图 1-21　瓶装型气柜　　　图 1-22　罐装型气柜　　　图 1-23　无法充气气柜

②管道供气气柜。管道供气的气柜把手提式的气柜枪连接在天然气或煤气管道上,在敷设有煤气管道的地方很方便,但受

到使用场地的限制,见图1-24。

③热吹风刮漆器。热吹风刮漆器原理与理发用热电风很相似,热风由电热元件产生,温度可在20～60℃间调节。为减轻质量、方便施工,喷头与加热元件应分开,见图1-25。

优点:与喷灯、气柜相比无火焰,不易损伤木质、烧裂玻璃,并可确保防火安全。

用途:适用于旧的或易损伤的表面及易着火的旧建筑物的涂膜清除。

图1-24 管道供气气柜

图1-25 热吹风刮漆器

(27)刮腻子的常用工具。

①铲刀。铲刀由钢制刀片及木制手柄组成,亦称作"开刀"。铲刀的刀片由弹性很好的薄钢片制成,按刀片的宽度分为20～100mm等多种不同规格。适用于被涂物面上孔、洞的嵌补刮涂。铲刀在使用时应注意不要使刀边卷曲,存放时应注意防锈,见图1-26。

②钢刮板。钢刮板由很薄的钢片及木把手组成,见图1-27。钢刮板钢片比铲刀的刀片更柔韧,钢刮板的宽度一般在200mm左右,比较适宜大面积的刮涂操作。钢刮板在使用及存放时应注意防锈。

图1-26 铲刀

图1-27 钢刮板

③木制刮刀。木制刮刀多用柏木、椴木等直纹木片或竹板削制而成,有竖式及横式两种,竖式的用于孔、洞的嵌补刮涂,横式的用于大面的刮涂操作。

④牛角刮刀。牛角刮刀一般由牛角的薄片制成,适用于木制被涂物表面腻子的刮涂操作,见图 1-28。牛角刮刀的弹性及韧性俱佳,不易造成被涂物表面的划伤。但是,夏季使用牛角刮刀时,由于气温过高易产生变形,应注意每 2h 更换一次,交替使用;冬季使用牛角刮

图 1-28　牛角刮刀

刀时,由于气温过低易产生断裂,应注意不要用力过猛。存放牛角刮刀时应插入木制的夹具内,以防变形。如遇变形情况,可以用开水浸泡后置于平板上,用重物压平。

2. 刷涂工具

(1)板刷。

板刷有用羊毛制作刷毛的,亦称为羊毛刷。也有用人造纤维制作刷毛的,还有用羊毛与人造纤维混合制作刷毛的。板刷一般比鬃刷厚度小,一般用来涂刷水性涂料。板刷的规格按刷子的宽度划分,有 2.54cm、3.81cm、5.08cm、15.24cm 等,见图 1-29 和图 1-30。

图 1-29　板刷(一)

图 1-30　板刷(二)

（2）排笔。

排笔是手工涂刷的工具，用羊毛和细竹管制成。每排可有
4 管至 20 管多种。4 管、8 管的主要用于刷漆片。8 管以上的用
于墙面的油漆及刷胶较多。排笔的刷毛较毛刷的鬃毛柔软，适
用于涂刷黏度较低的涂料，如粉浆、水性内墙涂料、虫胶漆、乳胶
漆、硝基漆、丙烯酸漆、聚酯漆的涂装施工。

①排笔的使用。涂刷时，用手拿住排笔的右角，一面用大拇
指压住排笔，另一面用四指握成拳头形状，见图 1-31。刷时要用
手腕带动排笔，对于粉浆或涂料一类的涂刷，要用排笔毛的两个
平面拍打粉浆，为了涂刷均匀，手腕要灵活转动。用排笔从容器
内蘸涂料时，大拇指要略松开一些，笔毛向下，见图 1-32。蘸涂
料后，要把排笔在桶边轻轻敲靠两下，使涂料能集中在笔毛头
部，让笔毛蓄不住的涂料流掉，以免滴洒。然后，将握法恢复到
刷浆时的拿法，进行涂刷。如用排笔刷漆片，则握笔手法略有不
同，这时要拿住排笔上部居中的位置。

②排笔的选择与保管。以长短度适度，弹性好，不脱毛，有
笔锋的为好。涂刷过的排笔，必须用水或溶剂彻底洗净，将笔毛
捋直保管，以保持羊毛的弹性，不要将其久立于涂料桶内，否则
笔毛易弯曲、松散，失去弹性。

图 1-31　排笔使用示意图

图 1-32　排笔蘸涂料示意图

（3）油刷。

油刷是用猪鬃、铁皮制成的木柄毛刷，是手工涂刷的主要工

具。油刷刷毛的弹性与强度比排笔大,故用于涂刷黏度较大的涂料,如酚醛、醇酸漆、酯胶漆、清油、调和漆、厚漆等油性清漆和色漆。

①规格与用途。油刷按其刷毛的宽度分为 1.27cm、1.91cm、2.54cm、13.97cm、5.08cm、26.67cm、7.62cm、10.16cm 等多种规格。1.27cm、2.54cm 的用于一般小件或不易涂刷到的部位,13.97cm 的多用于涂刷钢窗油漆,5.08cm 的多用于涂刷木窗或钢窗油漆,26.67cm 的除常用于木门、钢门油漆外,还用于一般的油漆涂刷。7.62cm 以上的主要用于抹灰面油漆。

毛刷的选用按使用的涂料来决定。油漆毛刷因为所用涂料黏度高,所以使用含涂料好的马毛制成的直筒毛刷和弯把毛刷;清漆毛刷因为清漆有一定程度的黏度,所以使用由羊毛、马毛、猪毛混合制成的弯把、平形、圆形毛刷;硝基纤维涂料毛刷因硝基纤维涂料干燥快,所以需要用含涂料好,毛尖柔软的羊毛、马毛制作,其形状通常是弯把和平形。因为油漆黏度特别强,所以油漆毛刷要扁平用薄板围在四周。水性涂料毛刷因为需要毛软和含涂料好,所以用羊毛制作最合适,也可用马毛制作,形状为平形,尤其是要有足够宽度。

②选择与保管。一是要无切剩下的毛及逆毛,将刷的尖端按在手上能展开,逆光看无逆毛;二要选毛口直齐、根硬、头软,毛有光泽、手感好;三是扎结牢固,敲打不掉毛。

刷子用完后,应将刷毛中的剩余涂料挤出,在溶剂中清洗两三次,将刷子悬挂在盛有溶剂或水的密封容器里,将刷毛全部浸在液面以下,但不要接触容器底部,以免变形。使用时,要将刷毛中的溶剂甩净擦干。若长期不用,必须彻底洗净,晾干后用油纸包好,保存于干燥处。

③油刷的使用。油刷一般采用直握的方法,手指不要超过铁皮,见图1-33。手要握紧,不得松动。操作时,手腕要灵活,必要时可把手臂和身体的移动配合起来。使用新刷时,要先把灰尘拍掉,并在 $1\frac{1}{2}$ 号木砂纸上磨刷几遍,将不牢固的鬃毛擦掉,并将刷毛磨顺磨齐。这样,涂刷时不易留下刷纹和掉

图 1-33 油刷使用示意图

毛。蘸油漆时不能将刷毛全部蘸满,一般只蘸到刷毛的 2/3。蘸油漆后,要在油桶内边轻轻地把油刷两边各拍一二下,目的是把蘸起的涂料拍到鬃毛的头部,以免涂刷时涂料滴洒。在窗扇、门框等狭长物体上刷油时,要用油刷的侧面上油漆,上满后再用油刷的大面刷匀理直。涂刷不同的涂料时,不可同时用一把刷子,以免影响色调。使用过久的刷毛变得短而厚时,可用刀削其两面,使之变薄,还可再用。

3. 辊涂工具

(1)辊筒的构成。

辊筒是由手柄、支架、筒芯、筒套等四部分组成的,见图1-34。手柄上端与支架相连,手柄的下端带有螺纹,可以与加长手柄相连接,加长手柄一般长 2cm。有些辊筒的手柄不配加长手柄,施工时可以用长棍代替加长手柄,绑于辊筒的手柄上。辊筒的支架

图 1-34 辊筒
1—手柄;2—支架;3—筒芯;4—筒套

应有一定的强度,并具有耐锈蚀的能力。筒芯也要具有一定的
强度和弹性,而且能够快速、平稳地转动。筒套的内圈为硬质的
筒套衬,外圈为带有绒毛的织物,筒套套在筒芯上,便可进行辊
涂涂饰。有些辊筒的筒芯和筒套合为一体,用螺钉固定在支架
上即可使用。

(2)辊筒的分类。

①辊筒按其形状分为普通辊筒和异形辊筒。普通辊筒适
合涂饰大面积的被涂物平面。异形辊筒的种类很多,有可以
用于辊涂柱面的凹形辊筒,也可以用于辊涂阴角及凹槽的铁
饼形辊筒等等。异形辊筒适合于涂装面积小、非平面的部位。
但一般来说,用普通辊筒与刷子配套使用,也可满足涂饰施工
要求。

②辊筒按筒套的种类可分为毛辊、海绵辊、硬辊、套色辊及
压花辊等。毛辊用于涂饰比较细腻的涂料;毛辊常用筒套材料
有合成纤维、马海毛和羔羊毛等。毛辊的绒毛有短、中长、长、特
长毛(长为 21mm 左右)。毛辊的宽度有 3.81～4.57cm 各种规
格,17.78～22.86cm 的毛辊使用最为广泛。海绵辊可以用于涂
饰带有粗骨料的涂料或稠度比较大的涂料。硬辊、套色辊及压
花辊等可以用于形成花纹的涂饰技术。毛辊是辊筒中最常见的
一种,在辊涂施工中较为普遍。

(3)辊筒使用注意事项。

①使用前的准备。毛辊在使用前,要先检查辊筒是否转动
自如,转速均匀;旧毛辊要检查绒毛是否蓬松,若有粘结应进行
梳理,然后根据涂饰面的高低连接加长手柄。为方便毛辊的清
洗,蘸料前要先用溶剂加以润湿,然后甩干待用。

②用毛辊辊涂时,需配套的辅助工具——涂料底盘和辊网,
见图 1-35、图 1-36。操作时,先将涂料放入底盘,用手握住毛辊

手柄,把辊筒的一半浸入涂料中,然后在底盘上滚动几下,使涂料均匀吃进辊筒,并在辊网上滚动均匀后,方可滚涂。

图 1-35　涂料底盘　　　　　　图 1-36　涂料辊网

③使用后的清洗。毛辊在使用后,要将辊筒上的涂料彻底清洗干净,特别要注意应将绒毛深处的涂料清洗干净,否则会使绒毛板结,导致辊筒报废。辊筒清洗干净后,应悬挂起来晾干,以免绒毛变形。

④辊筒的存放。辊筒应在干燥的条件下存放,纯毛的辊筒要注意防虫蛀;合成纤维或泡沫塑料的辊筒要注意防老化。

4. 喷涂用喷枪

(1)喷枪的种类。

①按混合方式分类。按照涂料与压缩空气的混合方式不同分为内部混合型和外部混合型两种喷枪,见图 1-37。

图 1-37　混合方式

(a)内部混合型;(b)外部混合型

内混式喷枪:涂料与空气在空气帽内侧混合,然后从空气帽中心孔喷出扩散、雾化。适用于高黏度、厚膜型涂料,也适用于胶粘剂、密封胶等。

外混式喷枪：涂料与空气在空气帽和涂料喷嘴的外侧混合。适宜于黏度不高、易流动、易雾化的各种涂料。

②按涂料供给方式分类。按供给方式分吸上式、重力式和压送式三种喷枪，见图 1-38。

图 1-38 喷枪种类
(a)吸上式喷枪；(b)重力式喷枪；(c)压送式喷枪

吸上式喷枪：吸上式喷枪是靠高速喷出的压缩空气，使喷嘴前端产生负压，将涂料吸出并雾化。其涂料喷出量受涂料黏度和密度影响较大，且与喷嘴的口径有直接关系。吸上式喷枪适用于小批量非连续性生产及修补漆使用。

重力式喷枪：重力式喷枪涂料靠其自身的重力与喷嘴前端负压的作用，涂料与空气混合雾化。这种喷枪的涂料罐均较小，适用于涂料用量少与换色频繁的作业场合。

从外置的压缩空气增压罐供给涂料，增压罐的容积可根据生产用量选用，一般常用 20～100L 的压力罐；

靠小型空气压力泵从涂料罐泵出涂料，直接供给喷枪；

输漆系统，由调漆间将涂料黏度调好，用泵向输漆管道内输送,并形成循环回路,油漆不停地在管道内循环返回供漆罐。喷枪在枪站用接头与管路接好即可。

(2)喷枪的基本构造。

喷枪由枪头、调节部件、枪体三部分组成,其整体构造见图 1-39。

图 1-39　喷枪整体构造

1—空气帽;2—涂料喷嘴;3—针阀;4—喷雾图形调节旋钮;
5—涂料喷出量调节旋钮;6—空气阀;7—空气管接头;
8—空气量调节装置;9—枪身;10—扳机;11—涂料管接头

①枪头:枪头由空气帽、喷嘴、针阀等组成。

②调节装置。

a.空气量的调节装置。

旋转喷枪手柄下部的空气调节螺栓,就可以调节涂料喷出的空气量和压力。一般喷枪前的空气管路上都装有减压阀,用于调整合适的喷涂空气压力。

b.涂料喷出量的调节装置。

旋转枪针末端的螺栓就可以调节涂料喷出的大小。扣动扳机枪针后移,移动距离大,喷出的涂料就多;移动距离小,喷出的涂料就少。压送式喷枪除调整喷枪自身调节螺栓外,还要调节压送涂料的压力。

c.喷雾图样的调节装置。

旋转喷枪上部的调节螺栓就可以调节空气帽侧面空气孔的空气流量。关闭侧面空气孔,喷雾图样呈圆形;打开侧面空气孔,喷雾图样就变成椭圆形,随着侧面空气孔的空气量增大,涂料雾化的扇形喷幅也变宽。

③枪体。枪体除支承枪头和调节装置外,还装有扳机和各种防止涂料、压缩空气泄漏的密封件。扳机构造采用分段喷出的机构。当扣动扳机时先驱动压缩空气阀杆后移,压缩空气先喷出;随着扳机后移,涂料阀杆后移,涂料开始喷出。当松开扳机时,涂料阀先关闭,空气阀后关闭。这种分段机构,使喷出的涂料始终保持良好的雾化状态。喷枪上涂料和压缩空气的密封件要保持良好的密封性,否则将影响喷涂质量。

(3)喷枪的维护。

①喷枪使用后应立即用溶剂洗净,不要用对金属有腐蚀作用的清洗剂。

压送式喷枪的清洗方法为:先将涂料增压罐中空气排放掉,再用手指堵住喷头,扣动扳机,靠压缩空气将胶管中的涂料压回涂料罐中,随后用通溶剂洗净喷胶管,并用压缩空气吹干。在装有溶剂供给系统装置时,可将喷枪从快换接头上取下,装到溶剂管的快换接头上,扣动扳机用溶剂将涂料冲洗干净。

吸上式和重力式喷枪的清洗方法为:先将用剩下的涂料排净,再往涂料杯或罐中加入少量溶剂,先像喷漆一样喷吹一下,再用手指堵住喷头,扣动扳机,使溶剂回流数次,将涂料通道清洗干净。

②暂停喷涂,喷枪的处理。暂停喷涂时,为防枪头粘附的涂

料干固,堵住涂料和空气通道应将喷枪头浸入溶剂中。但不能将喷枪全部浸泡在溶液剂中,这样会损坏喷枪各部位密封垫,造成漏气、漏漆的现象。

③空气帽、喷嘴、枪体的冲洗。用毛刷蘸溶剂洗净喷枪空气帽、喷嘴及枪体。当发现堵塞现象时,应用硬度不高的针状物疏通,切不可用钢针等硬度高的东西疏通,以免损伤涂料喷嘴和空气帽的空气孔。

④喷枪使用中注意事项。为防生锈,使其利于滑动并保证活动灵活。则枪针部、空气阀部的弹簧及其他螺纹应适当涂些润滑油。在使用时注意不要让喷枪与工件碰撞或掉落在地面上,以防喷枪损伤而影响使用。拆卸和组装喷枪时,各调节阀芯应保持清洁,不要粘附灰尘和涂料;空气帽和涂料喷嘴不应有任何碰伤和擦伤。喷枪组装后应保持各活动部件灵活。但喷枪不要随意拆卸。

⑤喷枪的检验。经常检查喷枪的针阀、空气阀等密封部件的密封垫,如发现泄露要及时进行维修或更换。

⑥维护喷枪。

5.裱糊壁纸常用工具

(1)不锈钢或铝合金直尺。用于量尺寸和切割壁纸时的压尺,尺的两侧均有刻度,长 80cm,宽 4cm,厚 0.3～1cm。

(2)刮板。用于刮、抹、压平壁纸,可用薄钢片自制,要求表面光洁,富有弹性,厚度以 1～1.5mm 为宜。

(3)油漆铲刀。作清除墙面浮灰,嵌批、填平墙面凹陷部分用。

(4)活动裁纸刀。刀片可伸缩多节,用钝后可截去,使用安全方便。

裱糊操作台案见图 1-40。

图 1-40　裱糊操作台案

6. 裁装玻璃常用工具

(1)裁装玻璃常用工具。

①玻璃刀。玻璃刀由金刚石刀头、金属刀板、刀板螺钉、铁梗、木柄组合而成,见图 1-41。玻璃刀主要用来裁割平板玻璃、单面磨砂玻璃和花玻璃等。玻璃刀规格的大小主要是以所配装金刚石的大小来划分的。其大小规格的排列,各制刀厂都有自己的编号。

图 1-41　玻璃刀的形状及构造

1—刀板螺钉;2—金刚石刀头;

3—金属刀板;4—掰玻璃方口;5—木柄

除此之外,还有裁割曲线用的特殊玻璃刀。有的玻璃刀在铜柄处安装掰玻璃用的缺口,可掰厚度 4mm 以内的平板玻璃。4 号以上玻璃刀用于裁割厚度 5~12mm 或者更厚的平板玻璃。

在正式裁割玻璃之前,应先试刀口。找准裁割玻璃的最佳位置,握刀手势要正确,使玻璃刀与玻璃平面总是保持不变的角度。一般听到轻微、连续均匀的"嘶、嘶"声,并且划出来的是一道白而细的不间断的直线,这说明已选到了最佳刃口。正确握刀手势的要求是:右手虎口夹紧刀杆的上端,大拇指、食指和中指掐住刀杆中部,手腕要挺直灵活,手指捻转刀杆,使刀头的金属板不偏不倚地紧靠尺杆,裁割运动中,对正刀口,保持角度,运刀平稳,力度均匀,裁划后用刀板在刃线处的反面轻轻一敲,即会出现小的裂纹,用手指轻轻一掰即能掰下来。如果玻璃刀刃口没有找准,划出来的刃线粗白,甚至白线处还有玻璃细碴蹦起,则任凭怎样敲掰都无济于事,甚至玻璃会全部破碎。如果玻璃划成白口,千万不能在原线上重割,这样会严重损伤玻璃刀的刃口。如果是平板玻璃,可以翻过来在白口线的位置重割;如果是其他玻璃则不能翻过来重割,可在白线口处向左或右移动 2~3mm,重新下刀裁割。在裁割较厚的玻璃时,可用毛笔在待裁割处涂一遍煤油,以增强裁割的效果。

②直尺、木折尺用木料制成。直尺按其大小及用途分为:5mm×30mm 长度 1m 以内,专为裁划玻璃条用;5mm×40mm,专为裁划 4~6mm 的厚度玻璃用;12mm×12mm,专为裁划 2~3mm 厚玻璃用。

木折尺用来量取距离,一般使用 1m 长的木折尺。

③工作台。一般用木料制成,台面大小根据需要而定,有 1m×1.5m、1.2m×1.5m 或 1.5m×2m 几种。为了保持台面平整,台面板厚度不能薄于 5cm。

裁划大块玻璃时要垫软的绒布,其厚度要求在 3mm 以上。

④木把铁锤。开玻璃箱用。

⑤铲刀即油灰铲。清理灰土及抹油灰用。

⑥刨刀或油灰锤。安装玻璃时敲钉子和抹油灰用。

⑦钢丝钳。扳脱玻璃边口狭条用。

⑧毛笔。裁划 5mm 以上厚的玻璃时抹煤油用。

⑨圆规刀。裁割圆形玻璃用,见图 1-42。

图 1-42　圆规刀

1—金刚钻头;2—尺杆;3—底吸盘

⑩手动玻璃钻孔器和电动玻璃开槽机分别用于玻璃的钻孔和开槽。

此外,小型电动工具已普及,已经使用的有电动螺钉刀、电钻、打磨机、活塞式打钉机。钢化玻璃门和住宅用铝合金门窗的安装作业,还要使用线坠、水准仪、8 线、比例尺、角尺(曲尺)等测量器具和抹子、活动扳手、锉刀、杠杆式起钉器、油壶等。密封枪有把嵌缝材料装入筒夹再装进去使用的轻便式和液体嵌缝材料填充到枪里用的两种。油灰、油性嵌缝材料、弹性密封材料等填充材料作业所采用的工具有密封枪,还有保护用的遮盖纸带,装修用的竹刀。大规模作业时还有用压缩空气挤出的形式。

另外,随着平板玻璃的大型化,还开发了安装在叉车、起重机、提升机上联动使用的吸盘。

(2)玻璃施工手工工具。

玻璃施工手工工具名称及用途见表 1-11。

表 1-11　　　　　　玻璃施工手工工具名称及用途

工具名称	用途
玻璃刀	用于平板玻璃的切割
木尺	切割平板玻璃时使用
刻度尺、卷尺、折尺、直尺、测定窗内净尺寸的刻度尺、角尺(曲尺)尺量规	施工中为了划分尺寸和切割玻璃时确定尺寸用
腻子刀(油灰刀)又名刮刀可分为大小号	木门窗施工时填塞油灰用
螺钉刀分为手动式和电动式两种	固定螺钉的拧紧和卸下时使用,特别是铝合金窗的装配,采用电动式较好
钳子,端头部分是尖头和鸟嘴状	主要是 5mm 以上厚度玻璃的裁剪和推拉门滑轮的镶嵌使用
油灰锤	木门窗油灰施工时,敲入固定玻璃的三角钉时使用
挑腻刀	带油灰的玻璃修补时铲除油灰用
铁锤,有大圆形的和小圆形的(微型锤)两种	大锤和一般锤的使用相同。小锤主要用于厚板切断时扩展"竖缝"用
装修施工锤,有合成橡胶、塑料、木制的几种	铝合金窗部件等的安装和分解时使用
密封枪(嵌缝枪),有把包装筒放进去用的和嵌缝材料装进枪里用的两种	大、小规模密封作业用
嵌锁条器	插入衬垫的卡条时使用
钳(剪钳)	切断沟槽,卷边,衬垫的卡条等时使用

第 2 部分　涂裱工岗位操作技能

一、基底处理

涂料(油漆)是涂敷于建筑实体表面的。建筑实体表面涂施是在不同性质、不同部位的材料上,涂以不同的涂料,使得涂饰工艺变得十分复杂。因此首先要处理好各类不同材质的基底。

1. 木材表面基底处理

木材表面处理是油漆施工的基础工作,是质量的保证。具体做法如下:

先用抹布将木门或其他木制品周边擦干净,也可先用刷子扫一遍,再扫大面。用铲刀在基面上铲一遍,可以发现凹凸不平或钉帽等多种缺陷。随手将钉子拔掉,将钉帽砸平,将孔洞用腻子填实,使整个面层没有缺陷。待腻子干透后,用砂纸初步打磨一遍,再检查一遍是否有遗漏。如果做透明油漆,木材色素不一致,就要用漂白来处理。木材漂白有两种方法,方法一:配制5%的碳酸钾:碳酸钠＝1:1的水溶液 1L,并加入 50g 漂白粉,用此溶液涂刷木材表面,待漂白后用肥皂水或稀释盐酸溶液清洗被漂白的表面。此法既能漂白又能去脂。方法二:用浓度30%的双氧水(过氧化氢)100g,掺入 25% 浓度的氨水 10～20g、水 100g 稀释的混合液,均匀涂刷在木材表面,经 2～3 天后,木材表面就被均匀漂白。这种方法对柚木、水曲柳的漂白效果很好。

2. 金属表面基底处理

涂饰对金属表面的基本要求是干燥,无灰尘、油污、锈斑、磷皮、焊渣、毛刺等。具体处理方法如下。

(1)机械处理。

用压缩空气喷砂、喷丸等方法,以冲击和摩擦等作用除去氧化皮、锈斑、铸型砂等。也可用打磨机、风动砂轮除锈机、针束除锈机来除去氧化皮和锈斑。

(2)手工处理。

采用砂布、刮刀、锤凿、钢丝刷、废砂轮等工具,通过手工打磨和敲、铲、刷、扫等方法,除去金属表面的氧化皮和锈垢,再用汽油或松香水清洗,擦洗干净所有油污。

(3)化学处理。

通过各种配方的酸性溶液,如将物体置于用 15%～20%的工业硫酸和80%～85%的清水配成的稀硫酸溶液(注意,必须将硫酸徐徐倒入水中,并加以搅拌。否则,会引起酸液飞溅伤人)中 10～12min,至彻底除锈。然后,取出用清水冲洗干净,晾干待用。除浸渍酸洗法外,也可将除锈剂涂刷在金属表面进行除锈。

也可用肥皂液清除铝、镁合金制品表面灰尘、油腻等污物,再用清水冲净,然后用磷酸溶液(85%磷酸 10 份,杂醇油 70 份,清水 20 份配成)涂刷一遍。过 2min 后,轻轻用刷子擦一遍,再用水冲洗干净。

3. 旧基层处理

在旧漆膜上重新涂漆时,可视旧漆膜的附着力和表面硬度的好坏来确定是否需要全部清除。如附着力不好,已出现脱落现象,则要全部清除。如旧漆膜附着力很好,用一般铲刀刮不掉,用砂纸打磨时声音发脆并有清爽感觉时,只需用肥皂水或稀碱水溶液清洗擦干净即可,不必全部清除。如涂刷硝基清漆,则最好将旧漆膜全部清除(细小修补例外)。

旧漆膜不全部清除而需重新涂漆时,除按上述办法清洁干净外,还应经过刷清油、嵌批腻子、打磨、修补油漆等项工序,做到与旧漆膜平整一致,颜色相同。

(1)旧漆膜的清除。

①刀刮法。用金属锻成圆形弯刀(有 40cm 的长把),磨快刀刃,一手扶把,一手压住刀刃,用力刮铲。还有把刀头锻成直的,装上60cm的长把,扶把刮铲。这种方法较多地用于处理钢门窗和桌椅一类物件。

②脱漆膏法。脱漆膏的配制方法有以下三种。

第一,氢氧化钠水溶液(1∶1)4 份、土豆淀粉 1 份、清水 1 份,一面混合一面搅拌,搅拌均匀后再加入 10 份清水搅拌 5~10min。

第二,碳酸钙 6~10 份、碳酸钠 4~7 份、生石灰 12~15 份、水 80 份,混成糊状。

使用时,将脱漆膏涂于旧漆膜表面 2~5 层,待 2~3h 后,漆膜即破坏,用刀铲除或用水冲洗掉。如旧漆膜过厚,可先用刀开口,然后涂脱漆膏。

第三,将氢氧化钠 16 份溶于 30 份水中,再加入 18 份生石灰,用棍搅拌,并加入 10 份机油,最后加入碳酸钙 22 份。

③火喷法。用喷灯火焰烧旧漆膜,喷灯火焰烧至漆膜发焦时,再将喷灯向前移动,立即用铲刀刮去已烧焦的漆膜。烧与刮要密切配合,不能使它冷却,因冷却后刮不掉。烧刮时尽量不要损伤物件的本身,操作者两手的动作要合作紧凑。

④碱水清洗法。把少量火碱(氢氧化钠)溶解于清水中,再

加入少量石灰配成火碱水(火碱水的浓度要经过试验,以能吊起旧漆膜为准)。用旧排笔把火碱水刷在旧漆膜上,等面上稍干燥时再刷一遍,最多刷 3～4 遍。然后,用铲刀将旧漆膜全部刮去,或用硬短毛旧油刷或揩布蘸水擦洗,再用清水(最好是温水)把残存的碱水洗净。这种方法常用于处理门窗等形状复杂、面积较小的物件。

⑤摩擦法。把浮石锯成长方形块状,或用粗号磨石蘸水打磨旧膜,直到全部磨去为止,这种方法适用于清除低天然漆旧漆膜。

(2)旧浆皮的清除。

在刷过粉浆的墙面、平顶及各种抹灰面上重新刷浆时,必须把旧浆皮清除掉。清除方法是先在旧浆皮面上刷清水,然后用铲刀刮去旧浆皮。因浆皮内还有部分胶料,经清水溶解后容易刮去。

如果旧浆皮是石灰浆一类,就要根据不同的底层采取不同的处理方法。底层是水泥或混合砂浆抹面的,则可用钢丝刷擦刮。如是石灰膏一类抹面的,可用砂纸打磨或铲刀刮。石灰浆皮较牢固,刷清水不起作用。任何一种擦刮都要注意不能损伤底层抹面。

(3)旧墙面的处理。

①对于进行聚乙烯醇水玻璃内墙涂料施工的旧墙面,应清除浮灰,保持光洁。表面若有高低不平、小洞或缺陷处,要进行批嵌后再涂刷,以使整个墙面平整,确保涂料色泽一致,光洁平滑。批嵌用的腻子,一般采用 5% 羟甲基纤维素加 95% 水,隔夜溶解成水溶液(简称化学浆糊),再加老粉调和后批嵌。在喷刷过大白浆或干墙粉的墙面上涂刷时,应先铲除干净(必要时要进行一度批嵌)后,方可涂刷,以免产生起壳、翘皮等缺陷。

②"幻彩"涂料复层施工的旧墙面，可视墙面的条件区别处理。

旧墙面为油性涂料时，可用细砂布打磨旧涂膜表面，然后清除浮灰和油污等。

旧墙面为乳液型涂料时，应检查墙面有无疏松和起皮脱落处，全面清除浮灰、油污等并用双飞粉和胶水调成腻子修补墙面。

旧墙面多裂纹和凹坑时，用白乳胶，再加双飞粉和白水泥调成腻子补平缺陷，干燥后再满批一层腻子抹平基面。

③旧墙基层处理。旧墙基层裱糊墙纸，对于凹凸不平的墙面要修补平整，然后清理旧有的浮灰、油污、砂浆粗粒等。对修补过的接缝、麻点等，应用腻子分 1～2 次刮平，再根据墙面平整光滑的程度决定是否再满刮腻子。对于泛碱部位，宜用 9％稀醋酸中和、清洗。表面有油污的，可用碱水（1∶10）刷洗。对于脱灰、孔洞处，须用聚合物水泥砂浆修补。对于附着牢固、表面平整的旧溶剂型涂料墙面，应进行打毛处理。

4. 其他基层处理特性及要求

水泥砂浆及混凝土基层。包括：水泥砂浆、水泥白灰砂浆、现浇混凝土、预制混凝土板材及块材。

加气混凝土及轻混凝土类基层。包括：这类材料制成的板材及块材。

水泥类制品基层。包括：水泥石棉板、水泥木丝板、水泥刨花板、水泥纸浆板、硅酸钙板。

石膏类制品及灰浆基层。包括：纸面石膏板等石膏板材、石膏灰浆板材。

石灰类抹灰基层。包括：白灰砂浆及纸筋灰等石灰抹灰层、白云石灰浆抹灰层、灰泥抹灰层。

这些基层的成分不同,施工方法不同,故其干燥速度、碱度、表面光洁度都有区别。应根据基层的不同情况,采取不同的处理方法。

(1)各种基层的特性。

各种基层的成分及特性见表 2-1。

表 2-1　　　　　　　各种基层成分及特征

基层种类	主要成分	特征		
		干燥速度	碱性	表面状态
混凝土	水泥、砂石	慢,受厚度和构造制约	大,进行中和需较长的时间,内部析出的水呈碱性	粗,吸水率大
轻混凝土	水泥、轻骨料、轻砂或普通砂	慢,受厚度和构造影响	大,进行中和需较长的时间,内部析出的水呈碱性	粗,吸水率大
加气混凝土	水泥、硅砂、石灰、发泡剂		多呈碱性	粗,有粉化表面、强度低、吸水率大
水泥砂浆(厚度10～25mm)	水泥、砂	表面干燥快,内部含水率受主体结构的影响	比混凝土大,内部析出的水呈碱性	有粗糙面、平整光滑面之分,其吸水率各不相同
水泥石棉板	水泥、石棉		极大,中和速度非常慢	吸水不均匀
硅酸钙板	水泥、硅砂、石灰、消石灰、石棉		呈中性	脆而粉化,吸湿性非常大

基层种类	主要成分	特征		
		干燥速度	碱性	表面状态
石膏板	半水石膏			吸水率很大,与水接触的表面不得使用
水泥刨花板	水泥、刨花		呈碱性	粗糙,局部吸水不均,渗出深色树脂
麻刀灰(厚度12~18mm)	消石灰、砂、麻刀	非常慢	非常大,达到中和需较长时间	裂缝多
石膏灰泥抹面(厚度12~18mm)	半水石膏、熟石灰、水泥、砂、白云石灰膏	易受基层影响	板材呈中性,混合石膏呈弱碱性	裂缝多
白云石灰泥抹面(厚度12~18mm)	白云石灰膏、熟石灰、麻刀、水泥、砂	很慢	强,需要很长时间才能中和	裂缝多,表面疏密不均,明显呈吸水不均匀现象

(2)对基层的基本要求。

无论何种基层,经过处理后,涂饰前均应达到以下要求。

①基层表面必须坚实,无酥松、粉化、脱皮、起鼓等现象。

②基层表面必须清洁,无泥土、灰尘、油污、脱膜剂、白灰等影响涂料粘结的任何杂物污迹。

③基层表面应平整,角线整齐,但不必过于光滑,以免影响

粘结。

④无较大的缺陷、孔洞、蜂窝、麻面、裂缝、板缝、错台,无明显的补痕、接茬。

⑤基层必须干燥,施涂水性和乳液涂料时,基层含水率应在10％以下;施涂油漆等溶剂性涂料时要求基层含水率不大于8％(不同地区可以根据当地标准执行)。

⑥基层的碱性应符合所使用涂料的要求。对于涂漆的表面,pH 值应小于 8。

(3)处理要求。

①清理、除污。对于灰尘,可用扫帚、排笔清扫。对于油污、脱膜剂,要先用5％～10％浓度的火碱水清洗,然后再用清水洗净。对于粘附于墙面的砂浆、杂物以及凸起明显的尖棱、鼓包,要用铲刀、錾子铲除、剔凿或用手砂轮打磨。对于析盐、泛碱的基层可先用3％的草酸溶液清洗,然后再用清水清洗。基层的酥松、起皮部分也必须去掉,并进行修补。外露的钢筋、铁件应磨平、除锈,然后做防锈处理。

②修补、找平。在已经清理干净的基层上,对于基层的缺陷、板缝以及不平整、不垂直处大多采用刮批腻子的方法,对于表面强度较低的基层(如圆孔石膏板)还应涂增强底漆。对于有防潮、耐水、耐碱、耐酸、耐腐蚀等特殊要求的基层要另做特殊处理。

5. 抹灰基层处理

由于涂料对基层含水率的要求较严格,一般抹灰基层,均要经过一段时间的干燥,一般采用自然干燥法。经验证明,新抹灰面要达到含水率8％以下的充分干燥,需经过半年以上的时间。对于一般水性涂料要达到含水率10％以下,夏季需 7～10 天,冬季则需 10～15 天以上。

6. 混凝土基层处理

如是反打外墙板，由于表面平整度好，一般用水泥腻子填平修补好表面缺陷后便可直接涂饰。内墙做一般的浆活或涂刷涂料。为增加腻子与基层的附着力，要先用 4% 的聚乙烯醇溶液或 30% 的 108 胶液或 20% 的乳液水喷刷于基层，晾干后刮批大白腻子、石膏腻子或 821 腻子。若腻子层太厚，应分层刮批，干燥后用砂纸打磨平整，并将表面粉尘及时清扫干净。若饰面材料采用耐擦涂料或有防水防潮要求的房间，如厨房、厕所、浴室等，则应采用具有相应强度、耐水性好的腻子。

对于裂纹，要用铲刀开缝成 V 形，然后用腻子嵌补。

为增强涂料与腻子的附着力，便于涂刷和节省材料，嵌批腻子前常对基层汁胶（即在基层上喷涂或刷涂胶液，目的是增强基层表面的强度，保证腻子与基层的黏结力）或涂刷基层处理剂。汁胶的材料根据面层的装饰涂料而定，一般的刷浆或用水性涂料时，也可采用 4% 浓度的聚乙烯醇溶液或稀释至 15%～20% 的聚醋酸乙烯乳液，可采用 30% 浓度的 108 胶水。对于油性涂料，则可用熟桐油加汽油配成的清油在基底上涂刷一遍。有些涂料则配有专用的底漆或基底处理剂。胶水或底涂层干后，即可嵌批腻子。

7. 各种板材基层处理

有纸石膏板、无纸石膏板、水泥刨花板、稻草板等轻质内隔墙，其表面质量和平整度一般都不错。对于这类墙面，除采取汁胶刮腻子的方法处理基层外，特别要处理好板间拼接的缝隙，以及防潮、防水的问题。

(1)板缝处理。以有纸石膏板及无纸圆孔石膏板板缝处理为例,有明缝和无缝两种做法。明缝一般采用各种塑料或铝合金嵌条压缝,也有采用专用工具勾成明缝的,见图 2-1。无缝一般先用嵌缝腻子将两块石膏板拼缝嵌平,然后贴上约 50mm 宽的穿孔纸带或涂塑玻璃纤维网格布,再用腻子刮平,见图 2-2。无纸圆孔石膏板的板缝一般不做明缝。具体做法是将板缝用胶水涂刷两道后,用石膏膨胀珍珠岩嵌缝腻子勾缝刮平。腻子常用 791 胶来调制,对于有防水、防潮要求的墙面,板缝处理应在涂刷防潮涂料之前进行。

图 2-1 明缝做法(单位:mm) 　　图 2-2 无缝做法(单位:mm)

(2)中和处理。对于碱性大的基层,在涂油漆前,必须做中和处理。方法如下:

①新的混凝土和水泥砂浆表面,用 5%的硫酸锌溶液清洗碱质,1 天后再用水清洗,待干燥后,方可涂漆。

②如急需涂漆时,可采用 15%～20%浓度的硫酸锌或氯化锌溶液,涂刷基层表面数次;待干燥后除去析出的粉末和浮粒,再行涂漆。如采用乳胶漆进行装饰时,则水泥砂浆抹完后一个星期左右,即可涂漆。

③不同基层的碱性随着时间的推移,逐渐降低,具体施工时间可参照图 2-3 确定。若龄期足够,pH 值已符合所使用的涂料要求,则不必另做中和处理。

④一般刷浆工程不必做此项处理。

图 2-3　碱性消失速度

8.基层防潮处理

一般采用涂刷防潮涂层的办法,但需注意以不影响饰面涂层的粘附性和装饰质量为准。一般居室的大面墙多不做防潮处理,防潮处理主要用于厨房、厕所、浴室的墙面及地下室等。

纸面石膏板的防潮处理,主要是对护纸面进行处理。通常是在墙面刮腻子前用喷浆器(或排笔)喷(或刷)一道防潮涂料。常用的防潮涂料有以下几种:

(1)乳化熟桐油。其重量配合比为熟桐油∶水∶硬脂酸∶肥皂=30∶70∶0.5∶(1~2)。

(2)用硫酸铝中和甲基硅醇钠(pH 值为 8,含量为 30%左右)。该涂料应当天配制当天使用,以免影响防潮效果。

(3)一些防水涂料,如 LT 防水涂料。

(4)汽油稀释的熟桐油。其配比为熟桐油∶汽油=3∶7(体积比)。

(5)用 10%的磷酸三钠溶液中和氯—偏乳液。

无纸圆孔石膏板装修时,必须对表面进行增强防潮处理。可先用涂刷 LT 底漆增强,再刮配套防水腻子。

以上防潮涂料涂刷时均不允许漏喷漏刷,并注意石膏板顶端也需做相应的防潮处理。

二、涂料(油漆)的调配

1. 调配涂料的颜色

配色是一项比较复杂而细致的工作,需要了解各种颜色的性能。有许多涂料要根据工程要求,凭实际经验进行自行调制。因此,在调配颜色中必须掌握以下几个方面的原则要求。

(1)调配涂料颜色的原则。

①颜料与调制涂料相配套的原则:在涂刷材料配制色彩的过程中,所使用的颜料与配制的涂料性质必须相同,不起化学反应,才能保证色彩配制涂料的相容性、成色的稳定性和涂料的质量,否则,就配制不出符合要求的涂料。如油基颜料适用于配制油性的涂料而不适用调制硝基涂料。

②选用颜料的颜色组合正确、简练的原则:

a.对所需涂料颜色必须正确地分析,确认标准色板的色素构成,并且正确分析其主色、次色、辅色等。

b.选用的颜料品种简练。能用原色配成的不用间色,能用间色配成的不用复色,切忌撮药式的配色。

③涂料配色由先主色后副色再次色依序渐进、由浅入深的原则:

a.调配某一色彩涂料的各种颜料的用量,先可做少量的试配,认真记录所配原涂料与加入各种颜料的比例。

b.所需的各色素最好进行等量的稀释,以便在调配过程中能充分地溶合。

c.要正确地判断所调制的涂料与样板色的成色差。一般讲油色宜浅一成,水色宜深 3 成左右。

　　d. 某一工程所需的涂料按其用量最好一次配成,以免多次调配造成色差。

　　(2)调配涂料颜色的方法。

　　①调配各色涂料颜色是按照涂料样板颜色来进行的。首先配小样,初步确定几种颜色参加配色,然后将这几种颜色分装在容器中,先称其质量,然后进行调配。调配完成后再称一次,两次称量之差即可求出参加各种颜色的用量及比例。这样,可作为配大样的依据。

　　②在配色过程中,以用量大、着色力小的颜色为主(称主色),再以着色力较强的颜色为副(次色),慢慢地间断地加入,并不断搅拌,随时观察颜色的变化。在试样时待所配涂料干燥后与样板色相比,观察其色差,以便及时调整。

　　③调配时不要急于求成,尤其是加入着色力强的颜色时切忌过量,否则,配出的颜色就不符合要求而造成浪费。

　　④由于颜色常有不同的色头,如要配正绿时,一般采用绿头的、黄头的蓝;配紫红色时,应采用带红头的蓝与带蓝头的、红头的黄。

　　⑤在调色时还应注意加入辅助材料对颜色的影响。

　　(3)涂料稠度的调配。

　　因贮藏或气候原因,造成涂料稠度过大,应在涂料中掺入适量的稀释剂,使其稠度降至符合施工要求。稀释剂的分量不宜超过涂料重量的 20%,超过就会降低涂膜性能。稀释剂必须与涂料配套使用,不能滥用,以免造成质量事故。如虫胶漆须用乙醇,而硝基漆则要用香蕉水。

　　(4)常用涂料颜色的调配。

　　①色浆颜料用量配合比例见表2-2。

表 2-2 色浆颜料用量配合比(供参考)

序号	颜色名称	颜料名称	配合比(占白色原料%)	序号	颜色名称	颜料名称	配合比(占白色原料%)
1	米黄色	朱红 土黄	0.3~0.9 3~6	4	浅蓝灰色	普蓝 墨汁	8~12 少许
2	草绿色	砂绿 土黄	5~8 12~15	5	浅藕荷色	朱红 群青	4 2
3	蛋青色	砂绿 土黄 群青	8 5~7 0.5~1				

②常用涂料颜色的调配比例见表 2-3。

表 2-3 常用涂料颜色配合比

需调配的颜色名称	配合比%		
	主色	副色	次色
粉 红 色	白色 95	红色 5	
赭 黄 色	中黄 60	铁红 40	
棕 色	铁红 50	中黄 25、紫红 12.5	黑色 12.5
咖 啡 色	铁红 74	铁黄 20	黑色 6
奶 油 色	白色 95	黄色 5	
苹果绿色	白色 94.6	绿色 3.6	黄色 1.8
天 蓝 色	白色 91	蓝色 9	
浅天蓝色	白色 95	蓝色 5	
深 蓝 色	蓝色 35	白色 13	黑色 2
墨 绿 色	黄色 37	黑色 37、绿色 26	
草 绿 色	黄色 65	中黄 20	蓝色 15

续表

需调配的颜色名称	配合比%		
	主色	副色	次色
湖 绿 色	白色 75	蓝色 10、柠檬黄 10	中黄 15
淡 黄 色	白色 60	黄色 40	
橘 黄 色	黄色 92	红色 7.5	淡蓝 0.5
紫 红 色	红色 95	蓝色 5	
肉 色	白色 80	橘黄 17	中蓝 3
银 灰 色	白色 92.5	黑色 5.5	淡蓝 2
白 色	白色 99.5		群青 0.5
象 牙 色	白色 99.5		淡黄 0.5

2. 着色剂的调配

在清水活与半清水活的施工中,用于木材面上染色剂的调配主要是油色、水色、酒色的调配。

(1)油色的调配。

油色(俗称发色油)是介于铅油与清漆之间的一种自行调配的着色涂料,施涂于木材表面后,既能显露木纹,又能使木材底色一致。

油色所选用的颜料一般是氧化铁系列的,耐晒性好,不易退色。油类一般常采用铅油或熟桐油,其参考配合比为:铅油:熟桐油:松香水:清油:催干剂＝7:1.1:8:1:0.6(质量比)。

油色的调配方法与铅油大致相同,但要细致。将全部用量的清油加 2/3 用量的松香水,调成混合稀释料,再根据颜色组合的主次,将主色铅油称量好,倒入少量稀释料充分拌合均匀,然后再加副色、次色铅油依次逐渐加到主色铅油中调拌均匀,直到配成要求的颜色,然后再把全部混合稀释料加入,搅拌后再将熟桐油、催干剂分别加入并搅拌均匀,用 100 目铜丝箩过滤,除去杂质,最后将剩下的松香水全部掺入铅油内,充分搅拌均匀,即为油色。

油色一般用于中高档木家具,其色泽不及水色鲜明艳丽,且干燥缓慢,但在施工上比水色容易操作,因而适用于木制品件的大面积施工。油色使用的大多是氧化颜料,易沉淀,所以在施涂料中要经常搅拌,才能使施涂的颜色均匀一致。

(2)水色的调配。

刷涂水色的目的是为了改变木材面的颜色,使之符合色泽均匀和美观的要求。因调配用的颜料或染料用水调制,故称水色,它常用于木材面清水活与半清水活,施涂时作为木材面底层染色剂。

水色的调配因其用料的不同有以下两种方法。

①以氧化铁颜料(氧化铁黄、氧化铁红等)做原料,将颜料用开水泡开,使之全部溶解,然后加入适量的墨汁,搅拌成所需要的颜色,再加入皮胶水或血料水,经过滤即可使用。配合比大致是:水 60%～70%、皮胶水 10%～20%、氧化铁颜料 10%～20%。由于氧化铁颜料施涂后物面上会留有粉层,加入皮胶、血料水的目的是为了增加附着力。

此种水色颜料易沉淀,所以在使用时应经常搅拌,才能使涂色一致。

②以染料做原料,染料能全部溶解于水,水温越高,越能溶解,所以要用开水浸泡后再在炉子上炖一下。一般使用的是酸性染料或碱性染料,如黄纳粉、酸性橙等,有时为了调整颜色,还可加少许墨汁。水色配合比见表 2-4。

表2-4　　　　　　　　调配水色的配合比(供参考)　　　　　　　　(%)

质量 色相 配 合 比 原料	柚木色	深柚木色	栗壳色	深红木色	古铜色
黄纳粉	4	3	13	—	5
黑纳粉	—	—	—	15	—
墨汁	2	5	24	18	15
开水	94	92	63	67	80

水色的特点是:容易调配,使用方便,干燥迅速,色泽艳丽,透明度高。但在配制中应避免酸、碱两种性质的颜料同时使用,以防颜料产生中和反应,降低颜色的稳定性。

(3)酒色的调配。

调配时将碱性颜料或醇溶性染料溶解于酒精中,加入适量的虫胶清漆充分搅拌均匀,称酒色。其作用介于铅油和清油间,既可显露木纹,又可对涂层起着色作用,使木材面的色泽一致。酒色同水色一样,是在木材面清色透明或施涂时用于涂层的一种自行调配的着色剂。

施涂酒色需要有较熟练的技术。首先要根据涂层色泽与样板的差距,调配酒色的色调,最好调配得淡一些,免得一旦施涂深了,不便再整修。酒色的特点是干燥快,可缩短工期,提高工效。因此其技能要求也较高,施涂酒色还能起封闭作用,目前在木器家具施涂硝基清漆时普遍应用酒色。

酒色的配合比要按照样板的色泽灵活掌握。虫胶酒色的配合比例一般为碱性颜料或醇溶性染料浸于[虫胶∶酒精=(0.1～0.2)∶1]的溶液中,使其充分溶解拌匀即可。

3.常用腻子调配

(1)材料的选用。

①凡能增加腻子附着力和韧性的材料,都可作粘结料,如桐油(光油)、油漆、干性油等。

调配腻子所选用的各类材料,各具特性,调配的关键是要使它们相容。如油与水混合,要处理好,否则就会产生起孔、起泡、难刮、难磨等缺陷。

②填料能使腻子具有稠度和填平性。一般化学性稳定的粉质材料都可选用为填料,如大白粉、滑石粉、石膏粉等。

③固结料是能把粉质材料结合在一起,并能干燥固结成有一定硬度的材料,如蛋清、动植物胶、油漆或油基涂料。

(2)调配的方法。

调配腻子时,要注意体积比。为利于打磨,一般要先用水浸透填料,减少填料的吸油量。配石膏腻子时,宜油、水交替加入,否则干后不易打磨。调配好的腻子要保管好,避免干结。

调配常用腻子的组成、性能及用途见表 2-5。

表 2-5　　　　　调配常用腻子的组成、性能及用途

腻子种类	配比(体积比)及调制	性能及用途
石膏腻子	石膏粉∶熟桐油∶松香水∶水＝10∶7∶1∶6 把熟桐油与松香水进行充分搅拌,加入石膏粉,并加水调和	质地坚韧,嵌批方便,易于打磨。适用于室内抹灰面、木门窗、木家具、钢门窗等
胶油腻子	石膏粉∶老粉∶熟桐油∶纤维胶＝0.4∶10∶1∶8	润滑性好,干燥后质地坚韧牢固,与抹灰面附着力好,易于打磨。适用于抹灰面上的水性和溶剂型涂料的涂层

腻子种类	配比（体积比）及调制	性能及用途
水粉腻子	老粉：水：颜料＝1：1：适量	着色均匀，干燥快，操作简单。适用于木材面刷清漆
油粉腻子	老粉：熟桐油：松香水（或油漆）：颜料＝14.2：1：4.8：适量	质地牢，能显露木材纹理，干燥慢，木材面的棕眼需填孔着色
虫胶腻子	稀虫胶漆：老粉：颜料＝1：2：适量（根据木材颜色配定）	干燥快，质地坚硬，附着力好，易于着色。适用于木器油漆
内墙涂料腻子	石膏粉：滑石粉：内墙涂料＝2：2：10（体积比）	干燥快，易打磨。适用于内墙涂料面层

4. 大白浆、石灰浆、虫胶漆的调配

（1）大白浆的调配。

调配大白浆的胶粘剂一般采用聚醋酸乙烯乳液、羧甲基纤维素胶。

大白浆调配的重量配合比为：老粉：聚醋酸乙烯乳液：纤维素胶：水＝100：8：35：140。其中，纤维素胶需先进行配制，它的配制重量比约为：羟甲基纤维素：聚乙烯醇缩甲醛：水＝1：5：（10～15）。根据以上配比配制的大白浆质量较好。

调配时，先将大白粉加水拌成糊状，再加入纤维素胶，边加入边搅拌。经充分拌合，成为较稠的糊状，再加入聚醋酸乙烯乳液。搅拌后用80目铜丝笻过滤即成。如需加色，可事先将颜料用水浸泡，在过滤前加入大白浆内。选用的颜料必须要有良好的耐碱性，如氧化铁黄、氧化铁红等。如耐碱性较差，容易产生咬色、变色。当有色大白浆出现颜色不匀和胶花时，可加入少量

的六偏磷酸钠分散剂搅拌均匀。

（2）虫胶漆的调配。

虫胶漆是用虫胶片加酒精调配而成的。

一般虫胶漆的重量配合比为:虫胶片∶酒精＝1∶4。用于揩涂的可配成:虫胶片∶酒精＝1∶5,根据施工工艺的不同确定需要的配合比可调整范围为:虫胶片∶酒精＝1∶(3～10);用于理平见光的可配成:虫胶片∶酒精＝1∶(7～8)。酒精加入的多少受气温和干湿度的影响;当气温高、干燥时,酒精应适当多加些;当气温低、湿度大时,酒精应少加些,否则,涂层会出现返白。

调配时,先将酒精放入容器(不能用金属容器,一般用陶瓷、塑料等器具),再将虫胶片按比例倒入酒精内,过 24h 溶化后即成虫胶漆,也称虫胶清漆。

为保证质量,虫胶漆必须随配随用。

（3）石灰浆的调配。

调配时,先将 70％的清水放入容器中,再将生石灰块放入,使其在水中消解。其重量配合比为:生石灰块∶水＝1∶6,待 24h 生石灰块经充分吸水后才能搅拌,为了涂刷均匀,防止刷花,可往浆内加入微量墨汁;为了提高其黏度,可加 5％的 108 胶或约 2％的聚醋酸乙烯乳液;在较潮湿的环境条件下,可在生石灰块消解时加入 2％的熟桐油。如抹灰面太干燥,刷后附着力差,或冬天低温刷后易结冰,可在浆内加入 0.3％～0.5％的食盐(按石灰浆重量)。如需加色则与有色大白浆的配制方法相同。

为了便于过滤,在配制石灰浆时,可多加些水,使石灰浆沉淀,使用时倒去上面部分清水,如太稠,还可加入适量的水稀释搅匀。

5.胶粘剂的调配

粘贴墙纸用的胶粘剂在市场上有成品供应,但也可自行配制。自行配制的胶粘剂成本低,同时可以根据实际需要配制出适合粘贴物要求的胶粘剂,以提高粘贴质量。粘贴墙纸的胶粘剂有以下几种。

(1)用白胶、107胶、化学糯糊配制胶粘剂。按白胶∶107胶∶化学糯糊液=2∶8∶5的比例将三种材料混合均匀过滤即成。如果胶液太稠,涂刷不开,可适量加水调稀。这种混合胶粘剂适合粘贴较厚的墙纸,如高泡塑面墙纸和无纺布墙布等。

(2)用107胶、化学糯糊配制胶粘剂。按107胶∶化学糯糊液=10∶5的比例加适量的水拌合,过滤后备用。这种胶粘剂用于粘贴"中泡"以下的薄型墙纸。

(3)淀粉糯糊。用普通面粉或"白糊精"加水加热调成,用水量可根据需要自行控制。为了防止糯糊发霉,调制时可加入5%的明矾(需用热水调化)。

(4)特种胶粘剂。有聚酯酸乙烯酯胶粘剂和以橡胶加氯丁橡胶为主要原料的高强度胶粘剂,适用于塑基型墙纸和塑布的粘贴。

三、油漆施工操作

1.硝基清漆理平见光及磨退施涂工艺

硝基清漆俗称蜡克,是以硝化棉为主要成膜物质的一种挥发性涂料。硝基清漆的漆膜坚硬耐磨,易抛光打蜡,使漆膜显得丰满、平整、光滑。硝基清漆的干燥速度快,施工时涂层不易被灰尘污染,有利于维持表面质量。

硝基清漆理平见光工艺是一种透明涂饰工艺,用它来涂饰木面,不仅能保留木材原有的特征,而且能使它的纹理更加清晰、美观。

（1）施工工序。

基层处理→刷第一遍虫胶清漆→嵌补虫胶腻子→润粉→刷第二遍虫胶清漆→刷水色→刷第三遍虫胶清漆→拼色修色→刷、揩硝基清漆→用水砂纸湿磨→抛光。

（2）基层处理。

①清理基层。将木面上的灰尘掸去,刮掉墨线、铅笔线及残留胶液,一般的残留之物可用玻璃轻轻刮掉。白坯表面的油污可用布团蘸肥皂水或碱水擦洗,然后用清水洗净碱液。经过上述处理后,用 1 号或 $1\frac{1}{2}$ 号砂纸干磨木面。打磨时,可将砂纸包着木块,顺木纹方向依次全磨。

②脱色。有些木材遇到水及其他物质会变颜色;有的木面上有色斑,造成物面上颜色不均,影响美观,需要在涂刷油漆前用脱色剂对材料进行局部脱色处理,使物面上颜色均匀一致。

使用脱色剂,只需将剂液刷到需要脱色原木材表面,经过 $20\sim30min$ 后木材就会变白,然后用清水将脱色剂洗净即可。常用的脱色剂为双氧水与氨水的混合液,其配合比（质量比）为:

双氧水（30％浓度）　　　　　1
氨水（25％浓度）　　　　　　0.2
水　　　　　　　　　　　　　1

一般情况下木材不进行脱色处理,只有当涂饰高级透明油漆时才需要对木材进行局部脱色处理。

③除木毛。木材经过精刨及砂纸打磨后,已获得一定的光洁度,但有些木材经过打磨后会有一些细小的木纤维（木毛）松

起,这些木毛一旦吸收水分或其他溶液,就会膨胀竖起,使木材表面变得粗糙,影响下一步着色和染色的均匀。

去除木毛可用湿法或火燎法。湿法是用干净毛巾或纱布蘸温水揩擦白坯表面,管孔中的木毛吸水膨胀竖起,待干后通过打磨将其磨除。火燎法可用喷灯或用排笔在白坯面上刷一道酒精,随即用火点着,木毛经火燎变得脆硬,便于打磨。用火燎法时切记加强防范,以免事故发生。

(3)刷第一遍虫胶清漆。

木面经过除木毛处理后,大部分木毛被除去,但往往会有少量木毛被压嵌在管孔中而不能除尽,需要进一步采取措施。在白坯面上刷头道虫胶清漆,漆中酒精快速蒸发后在面上干燥成膜,残余的木毛随着虫胶液的干燥而竖起,变硬变脆,这就为用砂纸打磨清除余木毛创造了有利条件。刷头道虫胶清漆的另一个重要作用是封闭底面。白坯表面有了这层封闭的漆膜,可降低木材吸收水分的能力,减少纹理表面保留的填孔料,为下道工序打好基础。

头道虫胶清漆的浓度可稀些,一般为1:5。选用的虫胶清漆要顾及饰面对颜色的要求,浅色饰面可用白虫胶清漆。刷虫胶清漆要用柔软的排笔,顺着木纹刷,不要横刷,不要来回多理(刷),以免产生接头印。刷虫胶清漆要做到不漏、不挂、不过楞、无泡眼,注意随手做好清洁工作。

待干燥后用0号木砂纸或已用过一次的旧砂纸,在刷过头道虫胶清漆的物面上顺木纹细心地全磨一遍,磨到即可,切勿将漆膜磨穿,以免影响质量。

(4)嵌补虫胶腻子。

将木材表面的虫眼、钉眼、缝隙等缺陷用调配成与木基同色的虫胶腻子嵌补。考虑到腻子干后会收缩,嵌补时要求填嵌丰

满、结实,要略高于物面,否则一经打磨将成凹状。嵌补的面要
尽量小,注意不要嵌成半实眼,更不要漏嵌。

待腻子干燥后用旧木砂纸将嵌补的腻子打磨平整光滑,掸
净尘土。

(5)润粉。

润粉是为了填平管孔和物面着色。通过润粉这道工序,可
以使木面平整,也可调节木面颜色的差异,使饰面的颜色符合指
定的色泽。

润粉所用的材料有水老粉和油老粉两种。

润粉要准备两团细软竹丝或洁净白色的精棉纱(不能用油
回丝),一团蘸润粉,一团最后揩净用。揩擦时可作圆状运动。
将粉充分填入管孔内,趁粉尚未干燥前用干净的竹丝将多余的
粉揩去,否则一旦粉干,再揩容易将管孔内的粉质揩掉,同时影
响饰面色泽的均匀度。揩擦要做到用力大小一致,将粉揩擦均
匀。当揩擦线条多的部位时,除将表面揩清外,要用铲刀将凹处
的积粉剔除。润粉层干透后,用旧砂纸细细打磨,磨去物面上少
许未揩净的余粉,掸扫干净。

(6)刷第二遍虫胶清漆。

第二遍虫胶清漆的浓度为 1 : 4。刷漆时要顺着木纹方向
由上至下、由左至右、由里到外依次往复涂刷均匀,不出现漏刷、
流挂、过楞、泡痕,榫眼垂直相交处不能有明显刷痕,不能留下刷
毛。漆膜干后要用旧砂纸轻轻打磨一遍,注意楞角及线条处不
能砂白。

(7)刷水色。

刷水色是把按照样板色泽配制好的染料刷到虫胶漆涂
层上。

大面积刷水色时,先用排笔或漆刷将水色涂满到物面上,然

后漆刷横理,再顺木纹方向轻轻收刷均匀,不许有刷痕,不准有流挂、过楞现象。小面积及转角处刷水色时,可用精回丝揩擦均匀。当上色过程中出现颜色分布不均或刷不上色时(即"发笑"),可将漆刷在肥皂上来回摩擦几下,再蘸水色涂刷,即可消除"发笑"现象。

刷过水色的物面要注意防止水或其他溶液的溅污,也不能用湿手(或汗手)触摸,以免破坏染色层,造成不必要的返工。

(8)刷第三遍虫胶清漆。

与刷第二遍虫胶清漆的方法相同。

(9)拼色、修色。

经过润粉和刷水色,物面上会出现局部颜色不均匀的毛病。其原因一方面是由于木材本身的色泽可能有差异,另一方面是涂刷技术欠佳也会造成色差。色差需要调整,修整色差这道工序称为拼色。

拼色时,先要调配好含有着色颜料和染料的酒色,用小排笔或毛笔对色差部位仔细地修色。拼色需要有较高的技巧,只有经过较长时间的经验积累,才能熟练掌握拼色技术。修色时用力要轻,结合处要自然。对一些钉眼缺陷等腻子疤色差的用小毛笔修补一致,使整个物面成色统一。

拼色后的物面待干燥后同样要用砂皮细磨一遍,将粘附在漆膜上的尘粒和笔毛磨去。注意打磨要轻,不要损坏漆膜。

(10)刷、揩硝基清漆。

①刷涂硝基清漆。在打磨光洁的漆膜上用排笔涂刷两遍或两遍以上硝基清漆。刷漆用的排笔不能脱毛,操作方法与刷虫胶清漆相同。注意硝基清漆挥发性极快,如发现有漏刷,不要忙着去补,可在刷下一道漆时补刷。垂直涂刷时,排笔蘸漆要适量,以免产生流挂,对脱毛要及时清除,刷下一道漆应待上道漆

干燥后方可进行。

②揩涂硝基清漆。为了使硝基清漆漆膜平整光滑,光用涂刷是不够的,还需要在涂刷后进行几次的揩涂。揩涂使用的工具是棉花团,它是用普通棉花或尼龙丝裹上细布或纱布而成。用普通棉花做成的棉花团的弹性不如用尼龙丝做的棉花团弹性好。尼龙丝做的棉花团不易黏结变硬,揩涂质量好,能长期使用。

棉花团做法简单,只要裁一块 25cm 见方的白纱布或白细布,中间放一团旧尼龙丝(要干净,不能含有杂物),将布角折叠,提起拧紧即成。一个棉花团只能蘸一种涂料,棉花团使用后要放到密封器中,保持干净,不要干结,以利再用。

用棉花团揩涂硝基漆的形式有横涂、理涂、圈涂三种。

揩涂硝基漆时应注意以下几点:

a.每次揩涂不允许原地多次往复,以免损坏下面未干透的漆膜,造成咬起底层。

b.移动棉花球团切忌中途停顿,否则会溶解下面的漆膜。

c.用力要一致,手腕要灵活,站位要适当。

当揩涂最后一遍时,应适当减少圈涂和横涂的次数,增加直涂的次数,棉花球团蘸漆量也要少些。最后 4～5 次揩涂所用的棉花球团要改用细布包裹,此时的硝基漆要调得稀些,而揩涂时的压力要大而均匀,要理平、拔直,直到漆膜光亮丰满,理平见光工艺至此结束。

为保证硝基漆的施工质量,操作场地必须保持清洁,并尽量避免在潮湿天气或寒冷天施工,防止泛白。

(11)用水砂纸湿磨。

为了提高漆膜的平整度、光洁度,先用水砂纸湿磨,然后再抛光,使漆膜具有镜面般的光泽。

湿磨时可加少量肥皂水砂磨,因肥皂水润滑性好,能减少漆尘的粘附,保持砂纸的锋利,效果也比较好。

手工进行水砂纸打磨的操作方法与白坯相仿。先用清水将物面揩湿,涂一遍肥皂水,用 400 号水砂纸包着木块顺纹打磨,消除漆膜表面的凹凸不平,磨平棕眼,后用 600 号水砂纸细磨,然后用清水洗净揩干。经过水砂纸打磨后的漆膜表面应是平整光滑,显文光,无砂痕。

(12)抛光漆膜。

经过水砂纸湿磨后,会使漆面现出文光,必须经过抛光这道工序,才能达到光亮。

手工抛光一般分三个步骤。

①擦砂蜡。用精回丝蘸砂蜡,顺木纹方向来回擦拭,直到表面显出光泽。但不能长时间在一个局部地方擦拭,以免因摩擦产生过高热量将漆膜软化受损。

②擦煤油。当漆膜表面擦出光泽时,用回丝将残留的砂蜡揩净,再用另一团回丝蘸上少许煤油顺相同方向反复揩擦,直至透亮,最后用干净精回丝揩净。

③抹上光蜡。用清洁精回丝涂抹上光蜡,随即用清洁精回丝揩擦,此时漆膜会变得光亮如镜。

(13)清漆涂饰的质量要求。

清漆涂饰的质量要求和检验方法见表 2-6。

表 2-6　　　　　清漆涂饰的质量要求和检验方法

项次	项目	普通涂饰	高级涂饰	检验方法
1	颜色	基本一致	均匀一致	观察
2	木纹	棕眼刮平、木纹清楚	棕眼刮平、木纹清楚	观察

续表

项次	项目	普通涂饰	高级涂饰	检验方法
3	光泽、光滑	光泽基本均匀 光滑无挡手感	光泽均匀一致光滑	观察、手摸检查
4	刷纹	无刷纹	无刷纹	观察
5	裹棱、流坠、皱皮	明显处不允许	不允许	观察

(14)成品保护。

①涂刷门窗油漆时,为避免扇框相合粘坏漆皮,要用梃钩或木楔将门窗扇固定。

②无论是刷涂还是喷涂,为防油漆越界污染,均应做好对不同色调、不同界面的预先遮盖保护。

③为防止五金污染,除了操作要细和及时将小五金等污染处清理干净外,应尽量后装门锁、拉手和插销等(但可以事先把位置和门锁孔眼钻好),确保五金洁净美观。

2. 各色聚氨酯磁漆刷亮与磨退工艺

各色聚氨酯磁漆,又称聚氨酯彩色涂料,属于聚氨基甲酸酯漆类。该涂料的涂膜具有色彩品种多、坚硬光亮、附着力强、耐水、防潮、防霉、耐油、耐酸碱等特点,可用于室内木装饰和家具的装饰保护性涂层。对木基层的要求较低。其施涂操作方法也略不同于聚氨酯清漆的施涂方法。

(1)施工工序。

基层处理→施涂底油→嵌批石膏油腻子两遍及打磨→施涂第一遍聚氨酯磁漆及打磨→复补聚氨酯磁漆腻子及打磨→施涂第二、三遍聚氨酯磁漆→打磨→施涂第四、五遍聚氨酯磁漆(刷亮工艺罩面漆)→磨光→施涂第六、七遍聚氨酯磁漆(磨退工艺罩面漆)→磨退→抛光→打蜡。

（2）基层处理。详见本章常见基层的处理方法,要求平整光滑。

（3）施涂底油。基层处理后,可用醇酸清漆：松香水＝1：2.5涂刷底油一遍。该底油较稀薄,故能渗透进木材内部,起到防止木材受潮变形、增强防腐的作用,并使后道的嵌批腻子及施涂聚氨酯磁漆能很好地与底层粘结。

（4）嵌批腻子及打磨。待底油干透后嵌批石膏油腻子两遍。石膏油腻子干透后,应用 1 号或 $1\frac{1}{2}$ 号木砂纸打磨,将木面打磨平整,掸抹干净。

（5）施涂第一遍聚氨酯磁漆及打磨。各色聚氨酯磁漆由双组分即甲、乙组分组成,使用前必须将两组分按比例调配,混合后必须充分搅拌均匀,其配方应仔细阅读说明书,调配时应按所需量进行配制,否则,用不完会固化而造成浪费。施涂工具可用油漆刷或羊毛排笔。施涂时先上后下,先左后右,先难后易,先外后里（窗）,要涂刷均匀,无漏刷和流挂等。

待第一遍聚氨酯磁漆干燥后,用 1 号木砂纸轻轻打磨,以磨掉颗粒,以不伤漆膜为宜。

（6）复补聚氨酯磁漆腻子及打磨。表面如还有洞缝等细小缺陷就要用聚氨酯磁漆腻子复补平整,干透后用 1 号木砂纸打磨平整,并掸抹干净。

（7）施涂第二、三遍聚氨酯磁漆。施涂第二、三遍聚氨酯磁漆的操作方法同前。待第二遍磁漆干燥后也要用 1 号木砂纸轻轻打磨并掸干净后,再施涂第三遍聚氨酯磁漆。

（8）打磨。待第三遍聚氨酯磁漆干燥后,要用 280 号水砂纸将涂膜表面的细小颗粒和油漆刷毛等打磨平整、光滑,并揩抹干净。

(9)施涂第四遍聚氨酯磁漆。施涂物面要求洁净,不能有灰尘,排笔和盛漆的容器要干净。施涂第四遍聚氨酯磁漆的方法与上几次基本相同,施涂要求达到无漏刷、无流坠、无刷纹、无气泡。

各色聚氨酯磁漆刷亮,整个操作工艺到此完成。如果是各色聚氨酯磁漆磨退工艺,还要增加以下工序。

(10)磨光。待第四遍聚氨酯磁漆干透后,用 280～320 号水砂纸打磨平整,打磨时用力要均匀,要求把大约 80% 的光磨倒,打磨后揩净浆水。

(11)施涂第五、六遍聚氨酯磁漆。涂刷第五、六遍聚氨酯磁漆磨退工艺的最后两遍罩面漆,其涂刷操作方法同上。同时,也要求第六遍面漆是在第五遍漆的涂膜还没有完全干燥透的情况下接连涂刷,以利于涂膜丰满平整,在磨退中不易被磨穿和磨透。

(12)磨退。待罩面漆干透后用 400～500 号水砂纸蘸肥皂水打磨,要求用力均匀,达到平整、光滑、细腻,把涂膜表面的光泽全部磨倒,并揩抹干净。

(13)打蜡、抛光。其操作方法与聚氨酯清漆的打蜡抛光方法相同。

(14)施工注意事项。

①使用各色聚氨酯磁漆时,必须按规定的配合比来调配,并应注意在不同的施工操作或环境气候条件下,适当调整甲、乙组分的用量。

②调配各色聚氨酯磁漆时,甲、乙组分混合后,应充分搅拌均匀,需要静置 15～20min,待小泡消失后才能使用。同时要正确估算用量,避免浪费。

③涂刷要均匀,宜薄不宜厚,每次施涂、打磨后,都要清理干净,并用湿抹布揩抹干净,待水渍干后才能进行下道工序操作。

④施工时湿度不能太大,否则易产生泛白失光。

(15)各色聚氨酯磁漆涂饰质量要求。各色聚氨酯磁漆的涂饰质量和检验方法应符合表 2-7 的规定。

表 2-7　　　　　　各色漆氨酯磁漆的涂饰质量和检验方法

项次	项目	普通涂饰	高级涂饰	检验方法
1	颜色	均匀一致	均匀一致	观察
2	光泽、光滑	光泽基本均匀 光滑无挡手感	光泽均匀一致	观察、手摸检查
3	刷纹	刷纹通顺	无刷纹	观察
4	裹棱、流坠、皱皮	明显处不允许	不允许	观察
5	装饰线、分色线 直线度允许偏差	2mm	1mm	拉 5m 线,不足 5m 拉 通线,用钢直尺检查

3. 喷漆施工工艺

喷漆施工工艺的特点是涂膜光滑平整,厚薄均匀一致,装饰性极好,在质量上是任何施涂方法所不能比拟的。同时它适用于不同的基层和各种形状的物面,对于被涂物面的凹凸、曲折倾斜、洞缝等复杂结构,都能喷涂均匀。特别是对大面积或大批量施涂,喷漆可以大大提高工效。

但喷漆也有不足之处,需要操作人员采取对策来弥补。喷涂时易浪费一部分材料;一次不能喷得过厚,而需要多次喷涂;飘散的溶剂,易污染环境。

(1)施工工序。

基层处理→喷涂第一遍底漆→嵌批第一、二遍腻子及打磨喷涂第二遍底漆→嵌批第三遍腻子及打磨→喷涂第三遍底漆及打磨→喷涂二至三遍面漆及打磨→擦砂蜡→上光蜡。

（2）基层处理。喷漆的基层处理和涂料施涂工艺的基层处理方法相同，但喷漆涂层较薄，因而要求更严格。这里详细介绍金属面的基层处理。

金属面的基层处理，可分为手工处理、化学处理和机械处理三种，建筑工程上普通采用的是手工处理方法。

①手工处理是用油灰刀和钢丝刷将物面上的锈纹、氧化层及残存铸砂刮擦干净，用铁锤将焊缝的焊渣敲掉，再用 1 号铁砂布全部打磨一遍，把残余铁锈全部打磨干净，并将铁锈、焊渣、灰尘及其他污物掸扫干净，然后用汽油或松香水清洗，将所有的油污擦洗干净。

②化学处理是使酸溶液与金属氧化物发生化学反应，使氧化物从金属表面脱落下来，从而达到除锈的目的。一般是用 $15\% \sim 20\%$ 的工业硫酸和 $85\% \sim 80\%$ 清水混合配成稀硫酸溶液。配制时应注意，要把硫酸倒入水中，而不能把水倒入硫酸中，否则会引起爆炸。然后将金属构件放入硫酸溶液中浸泡约 $10 \sim 20\text{min}$，直至彻底除锈。取出后用清水冲洗干净，再用 10% 浓度的氨水或石灰水浸泡一次，进行中和处理，再用清水洗净，晾干待涂。

③机械处理常用的工具有喷砂、电动刷、风动刷、铲枪等。喷砂是用压缩空气用石英砂喷打物面，将锈皮、铸砂、氧化层、焊渣除净，再清洗干净。这种处理方法比手工处理好，因物面经喷打后呈粗糙状，能增强底漆的附着力。

而电动刷是由钢丝刷盘和电动机两部分组成，风动刷是由钢丝刷盘和风动机两部分组成，它们的不同只是风力与电力的区别。这种工具是借助于机械力的冲击和摩擦，达到去除锈蚀和氧化铁皮的目的,它同手工钢丝刷相比,其除锈质量好、工效高。锈枪也是风动除锈工具,对金属的中锈和重锈能起到较好的除锈效果。它的作用同手工油灰刀相似,但能提高工效和质量。

(3)喷涂第一遍底漆。喷漆用的底漆种类很多,有铁红醇酸底漆、锌黄酚醛底漆、灰色酯胶底漆、硝基底漆等多种。其中醇酸底漆具有较好的附着力和防锈能力,而且与硝基清漆的结合性能也比较好;对稀释剂的要求不高,一般的松香水、松节油都可用;不论施涂或喷涂都可使用,而且在一般常温下经12~24h干燥,故宜优先选用。

喷漆用的底漆都要稀释。在没有黏度计测定的情况下,可根据漆的重量掺入100%的稀释剂,以使漆能顺利喷出为准,但不能过稀或过稠,因为过稀会产生流坠现象,而过稠则易堵塞喷枪嘴。不同喷漆所用的稀释剂不同,醇酸底漆可用松香水等稀释,而硝基纤维喷漆要用香蕉水稀释。掺稀调匀后要用120目铜丝箩或200目细绢箩过滤,除去颗粒或颜料细粒等杂物,以免在喷涂时阻塞喷嘴孔道,或造成涂层粗糙不平,影响涂膜的平整和光亮度,还浪费人工或材料,影响下道工序的顺利进行。

喷漆时喷枪嘴与物面的距离应控制在250~300mm之间,一般喷头遍漆时要近些,以后每道要略为远些。气压应保持在0.3~0.4MPa之间,喷头遍后逐渐减低;如用大喷枪,气压应为0.45~0.65MPa。操作时,喷出漆雾方向应垂直物体表面,每次喷涂应在前已喷过的涂膜边缘上重叠喷涂,以免漏喷或结疤。

(4)嵌批第一、二遍腻子及打磨。喷漆用的腻子由石膏粉、白厚漆、熟桐油、松香水等组成,其配合比为3∶1.5∶1∶0.6,调配时要加适量的水和液体催干剂。水的加入量应根据石膏材料的膨胀性、施工环境气温的高低、嵌批腻子的对象和操作方法等条件来决定。如空气干燥、温度高时可多加,环境潮湿或气温较低时少加,总之必须满足可塑性良好、干燥后干硬度较好的要求。而使用催干剂必须按季节、天气和气温来调节,一般用量不得超过桐油和厚漆重量的 2.5%。

配制腻子时,应随用随配,不能一次配得太多,以免多余的腻子因迅速干燥而浪费掉。嵌批腻子时,平面处可采用牛角翘或油灰刀,曲面或楞角处则采用橡皮批板嵌批。喷漆工艺的腻子不能来回多刮,多刮会把腻子内的油挤出,把腻子面封住,使腻子内部不易干硬。

第一遍腻子嵌批时,不要收刮平整,应呈粗糙颗粒状,这样可以加快腻子内水分和油分的蒸发,容易干硬。第一遍腻子干透后,先用油灰刀刮去表面不平处和腻子残痕,再用砂纸打磨平整并掸扫干净。接着批第二遍腻子,这遍腻子要调配得比第一遍稀些,以使嵌批后表面容易平整。干后再用砂纸打磨并掸扫干净。嵌批腻子时底漆和上道腻子必须充分干燥,因腻子刮在不干燥的底漆或腻子上,容易引起龟裂和气泡。当底漆因光度太大,而影响腻子附着力时,可用砂纸磨去漆面光度。如果嵌批时间过长,或天热气温高,腻子表面容易结皮,那么,可用布或纸在水中浸湿盖住腻子。

(5)喷涂第二遍底漆。第二遍底漆要调配得稀一些,以增加后道腻子的结合能力。

(6)嵌批第三遍腻子及打磨。待第二遍底漆干后,如发现还有细小洞眼,则须用腻子补嵌。腻子也要配得稀一些,以便补嵌平整。腻子干后用水砂纸打磨平整,清洗干净。

(7)喷涂第三遍底漆及打磨。喷涂操作要点同前,干后用水砂纸打磨,再用湿布将物面擦净揩干。

(8)喷涂二至三遍面漆及打磨。每一遍喷漆包括横喷、直喷各一遍。喷漆在使用时同底漆一样,也要稀释,第一遍喷漆黏度要小些,以使涂层干燥得快,不易使底漆或腻子粘起来,第二、三遍喷漆黏度可大些,以使涂层显得丰满。每一遍喷漆干燥后,都要用 320 号木砂纸打磨平整并清洗干净。最后还要用 400～500 号水砂纸打磨,使漆面光滑平整无挡手感,然后擦砂蜡。

(9)擦砂蜡。在砂蜡内加入少量煤油,调配成糨糊状,再用干净的棉纱和纱布蘸蜡往漆面上用力摩擦,直到表面光亮一致无极光。然后用干净棉纱将残余砂蜡收揩干净。

(10)上光蜡。用棉纱头将光蜡敷于物面,并要求全敷到,然后用绒布擦拭,直到出现闪光为止。

(11)操作注意事项。

①用凡士林、黄油把喷漆物件上的电镀品、玻璃、五金等不需喷漆部位涂盖,或用纸贴盖,如不小心将喷漆涂上要马上揩擦干净。此外凡士林、黄油也不能粘到需要喷漆的地方,否则会使涂膜粘结不牢而脱落,影响质量和美观。

②为避免涂膜脱落,则腻子面和喷漆面一定要保持清洁,不得沾上油污,或用油手抚摸。

③为避免在潮湿环境下喷漆而发白的状况,可在喷漆内加防潮剂,但用量不得过大,一般是涂料内稀释剂的 5%～15%。如喷漆的物面已有发白现象,则可用稀释剂加防潮剂薄喷一遍,即可消除发白现象。

④喷漆用的气泵要有触电保护器,压力表要经过计量检定合格并在有效期内。

⑤喷漆时要戴口罩,穿工作服等。

4. 金属面色漆施涂工艺

在建筑工程中,金属面色漆的刷涂一般指对钢门窗、钢屋架、铁栏杆及镀锌铁皮制件等进行涂刷。

在金属面刷涂色漆主要是预防腐蚀，还有一定的装饰作用。其施涂方法与涂饰其他基层面大致相同。

金属表面施涂色漆的主要工序见表 2-8。

表 2-8　　　　　　　　　金属表面施涂色漆的主要工序

序号	工序名称	普通油漆	中级油漆	高级油漆
1	除锈、清扫、磨砂纸	+	+	+
2	刷涂防锈漆	+	+	+
3	局部刮腻子	+	+	+
4	打磨	+	+	+
5	第一遍刮腻子		+	+
6	打磨		+	+
7	第二遍刮腻子			+
8	打磨			+
9	第一遍刷漆	+	+	+
10	复补腻子			+
11	打磨			+
12	第二遍刷漆	+	+	+
13	打磨		+	+
14	湿布擦净		+	+
15	第三遍刷漆		+	+
16	打磨（用水砂纸）			+
17	湿布擦净			+
18	第四遍刷漆			+

注：1. 薄钢板屋面、檐沟、水落管、泛水等施涂油漆，可不刮腻子。施涂防锈漆不得少于两遍。

2. 高级油漆磨退时，应用醇酸树脂漆施涂，并根据涂膜厚度增加1～3遍涂刷和磨退、打砂蜡、打油蜡、擦亮的工序。

3. 金属构件和半成品安装前,应检查防锈漆有无损坏,损坏处应补刷。

4. 钢结构施涂油漆,应符合《钢结构工程施工质量验收规范》(GB 50205—2001)的有关规定。

5. "+"表示应进行的工序。

(1)钢门窗施涂。

①工序及施涂工艺。钢门窗普通级、中级色漆施涂工艺见表 2-9。

表 2-9 　　　　　　　　　钢门窗色漆涂饰工艺

序号	工序名称	材料	操作工艺
1	处理基层		清除表面锈蚀、灰尘、油污、灰浆等污物,有条件亦采用喷砂法
2	施涂防锈漆	防锈漆	施涂工具的选用视物面大小而定。掌握适当的刷涂厚度,涂层厚度应一致
3	嵌批腻子	石膏粉:熟桐油＝4:1 或醇酸腻子:底漆:水＝10:7:45	将砂眼、凹坑、缺棱、拼缝等处嵌补平整,腻子稠度适宜
4	打磨	1 号砂纸	腻子干透后进行打磨,然后用湿布将浮粉擦净
5	满批腻子	同工序 3 用材料	要刮得薄而均匀,腻子要收干净,平整无飞刺
6	打磨	1 号砂纸	腻子干后打磨,注意保护棱角,表面光滑平整、线角平直
7	刷第一遍油漆	铅油或醇酸无光调和漆	操作方法与用色漆施涂木门窗同
8	复补腻子	同工序 3 用材料	对仍有缺陷处批平

序号	工序名称	材料	操作工艺
9	打磨	1 号砂纸	同工序 4
10	装玻璃		
11	刷第二遍油	铅油	同工序 7
12	清洁玻璃打磨	1 号砂纸或旧砂纸	将玻璃内外擦净，不要将漆膜磨穿
13	刷最后一道漆	调和漆	多刷、多理、涂刷均匀。涂刷油灰部位时应盖过油灰 1～2mm 以利于封闭，涂刷完毕后应将门窗固定好

注：普通级油漆工程少刷一遍漆，不满批腻子。

②操作注意事项。

a.刷涂防锈漆保持适量的厚度。铁红防锈漆取 0.05～0.15mm，红丹防锈漆取 0.15～0.23mm。

b.防锈漆干后（约 24h），用石膏油腻子嵌补拼接不平处。嵌补面积较大时，可在腻子中加入适量厚漆或红丹粉，提高腻子干硬性。

c.在防锈漆上涂刷一层磷化底漆以使金属面油漆有较好的附着力。

磷化底漆配制比例为底漆：磷化液＝4：1（磷化液用量不能增减），混合均匀。

磷化液的配比：工业磷酸：氧化锌：丁醇：酒精：清水＝70：5：5：10：10 刷涂磷化底漆以薄为宜。

(2)镀锌铁皮面施涂

①工序及施涂工艺。镀锌铁皮面施涂色漆工艺见表2-10。

表 2-10　　　　　　　　　　镀锌铁皮面施涂色漆工艺

序号	工序名称	材料	操作工艺
1	处理基层		用抹布纱头蘸汽油擦去油污 用 3 号铁砂布打磨,用重力,均匀地把表面磨毛、磨粗
2	刷磷化底漆一遍		宜用油漆刷涂刷,涂膜宜薄,均匀,不漏刷
3	刷锌黄醇酸底漆一遍		同工序 2
4	嵌批腻子	石膏粉∶熟桐油＝4∶1 (适量掺入锌黄醇底漆)	操作方法与钢门窗嵌批腻子相同
5	打磨	1 号砂纸	用力均匀,不易过大,要磨全磨到,复补刮腻子在打磨后进行
6	刷涂面漆	铝灰醇酸磁漆	深色应刷涂二遍,浅色刷涂三遍,涂膜厚度均匀,颜色一致

②操作注意事项。为保证质量标准,调配好的磷化底漆,需存放 30min 经化学反应后才能使用。

磷化化底漆应在干燥的天气刷涂,因为潮湿天气涂刷时,涂膜发白,附着力差。

5. 传统油漆施涂工艺

传统油漆涂饰是指大漆涂饰。大漆即天然漆,是漆树树脂经过净化除去杂质后成为生漆,但生漆的粘结力和光泽较差,经加工处理成精制漆。根据精制漆的配方和生产工艺的不同又分为退光漆(推光漆)、广漆、揩漆、漆酚树脂等。其中广漆的施涂方法最多,适用施涂的范围也很广。

(1)油色底广漆面施涂工艺。

①油色底广漆面施涂施工工序。油底广漆俗称操油广漆,它是一种简单易行的操作方法,一般适用于杂木家具、木门窗、杉木地板等涂饰。其工序为:基层处理→刷油色→嵌批腻子→刷豆腐底色→上理光漆。

②白木处理。按常规处理进行,即基层清理洁净、打磨光滑。

③刷油色。油色是由熟桐油(光油)与 200 号溶剂汽油以 1:1.5 加色配成。在没有光油的情况下,可用油基清漆或酚醛清漆与 200 号溶剂汽油以 1:0.5 加色配成。加色一般采用油溶性染料、各色厚漆或氧化铁系颜料,调成后用 80~100 目铜筛过滤即可涂刷。将整个木面均匀地染色一遍,要求顺木纹理通拔直,着色均匀。

④嵌批腻子。首先调拌稠硬油腻子,将大洞、缝等缺陷处先行填嵌,干燥后略磨一下,再用稀稠适中的腻子满批刮一遍。对于棕眼较粗的木材要批刮两遍,力求表面平整,待腻子干燥后,用 1 号木砂纸打磨光滑。除尘后,如表面不够光滑、平整可再满批腻子一遍。干后再用 1 号木砂纸砂磨、除尘。批嵌腻子时要收拾干净,不留残余腻子,否则难以砂磨干净,也不得漏批漏刮。

⑤刷豆腐底色。用鲜嫩豆腐加适量染料和少量生猪血经调配制成。配色可用酸性染料,如酸性大红、酸性橙等用开水溶解后再用豆腐、生猪血一起搅拌,用 80~100 目筛子过滤,使豆腐、染料、血料充分分散混合成均匀的色浆,用漆刷进行刷涂。色浆太稠可掺加适量清水稀释,刷涂必须均匀,顺木纹理通拔直不漏、不挂。色浆干燥后,用 0 号旧木砂纸轻轻磨去色层颗粒,但

不得磨穿、磨白。刷豆腐底色的目的,主要是对木基层染色,保证上漆后色泽一致。

⑥上理光漆。上漆方法有两种:涂刷体量大用蚕丝团,体量小用牛尾漆刷。涂刷一般多用牛尾漆刷,牛尾漆刷是用牛尾毛制成的,俗称"国漆刷"。

国漆刷是刷涂大漆的专用工具,其规格大小有 1～4 指宽(即 25～100mm),形状有平的、斜的等多种,漆刷的毛长 5～7mm。上漆时,用漆刷蘸漆涂布于物面,大平面可用牛角翘将漆披于物面,接着纵、横、竖、斜交叉各刷一遍,这样反复多次,目的是将漆液推刷均匀。涂刷感到发黏费力时,说明漆液开始成膜,这时可用毛头平整细软的理漆刷顺木纹方向理通理顺,使整个漆面均匀光亮。

蚕丝团是用蚕丝捏成丝团,蘸漆于物面向纵横方向不断地往返揩搓滚动,使物面受漆均匀,然后再用漆刷进行理顺。用丝团的上漆方法,一般两人合作进行,一人在前面上漆,另一人在后面理漆,这样既能保证质量,又能提高工效。对于木地板上漆要多人密切配合。地板上漆应从房间内角开始,逐渐退向门口,中途不可停顿,要一气呵成。地板上漆后,漆膜要彻底干固(一般在 2～3 个月左右)才能使用。

用蚕丝团上漆是传统工艺,不论面积大小的物体均可适用,而且上漆均匀,工效高。但要注意的是:将丝团吸饱漆液后应挤去多余部分。在操作时,丝团内的漆液要始终保持湿润、柔软,否则丝团容易变硬,变硬后就不易蘸漆和上漆,且丝头还会粘结于物面,影响质量。

(2)豆腐底两道广漆面施涂工艺。

这种做法适用于涂饰木器家具,其工艺比油色底广漆面施涂的质量要好。

①豆腐底两道广漆面施涂工序。木器白坯处理→白木染色→嵌批腻子→刷两道色浆→上头道广漆→水磨→上第二道广漆（罩光）。

②白坯处理。对表面的木刺、油污、胶迹、墨线等清除干净，用 $1\frac{1}{2}$ 号木砂纸砂磨平整光滑。

③白木染色。通过处理后的物件，进行一次着木染色，材料用嫩豆腐和生血料加色配成。加色颜料根据色泽而定，如做金黄色可用酸性金黄，红色可用酸性大红，做铁红色可用氧化铁红，做红木色可用酸性品红等。这些染料和颜料可用水溶解后加入嫩豆腐和血料内调配成稀糊状的豆腐色浆（具体调配可参照上述广漆工艺），用漆刷或排笔在处理好的白坯表面均匀地满涂一遍，顺木纹理通拔直。

④批嵌腻子。腻子用广漆或生漆和石膏粉加适量水调拌而成（做红木色用生漆调拌）。其配比用广漆或生漆：石膏分：水＝1：（0.8～1）：0.5。腻子嵌、批有两种做法：一种是先满批后再嵌批，腻子一般批刮两遍，每遍干燥时间为 24h，砂磨后再批刮第二遍；另一种是先调成稠硬腻子，先将大洞等缺陷处填嵌一遍，干燥后再满批。通过两遍腻子的批刮，砂磨后的表面已达到基本平整，为了防止缺陷处腻子的收缩，再进行一次必要的找嵌，这样腻子的批嵌工作才算完成，然后用 1 号旧木砂纸砂磨，除去粉尘。批嵌腻子的工具是牛角翘，大面积批刮用钢皮刮板。大漆腻子干燥后坚硬牢固，不易砂磨，在批刮时既要密实，又要收刮干净，不留残余腻子，否则会影响木纹的清晰度。

⑤刷第二道豆腐底色浆。这道色浆目的是统一色泽，使批嵌的腻子疤不明显。等色层干燥后，用旧 1 号木砂纸轻磨，去颜料颗粒杂质，达到光滑为度，然后抹去灰尘。

⑥上头道广漆。上漆必须厚薄均匀（涂布方法与广漆工艺相同）。头道漆干燥后，用 400 号水砂纸蘸肥皂水轻磨，将漆膜表面颗粒等杂质磨去，边沿、楞角等不得磨穿，如磨穿要及时补色，达到表面平滑，然后过水，用抹布揩净干燥。

⑦上二道广漆。二道漆称罩光漆，是整个工艺中最重要的一道工序，涂刷要求十分严格。涂刷时比头道漆略松些（厚些），选用的漆刷毛长而细，但必须刷涂均匀，不过楞、不皱、不漏刷，线角处不留积漆且涂面不留刷痕，完成后漆膜丰满光亮柔和。

刷漆要按基本操作要求步骤进行，每刷涂一个物件，必须从难到易，从里到外，从左到右，从上到下，逐一涂刷。

（3）退光漆（推光漆）磨退。

在基层面施涂精制漆之前，对基层要进行处理。

①基层处理。退光漆磨退工艺的基层处理（打底）有以下三种方法。

第一，油灰麻绒打底：嵌批腻子→打磨→褙麻绒→嵌批第二遍腻子→打磨→褙云皮纸→打磨→嵌批第三遍腻子→打磨→嵌批第四遍腻子→打磨。（褙：把布或纸一层一层地粘在一起）

打底子用料及操作要点。

褙麻绒：用血料加 10% 的光油拌均匀后，涂满面层，满铺麻绒，轧实，褙整齐，再满涂血料油浆，渗透均匀后，再用竹制麻荡子拍打抹压，直至密实。

褙云皮纸：在物面上均匀涂刷血料油浆，将云皮纸平整贴于物面，用刷子轻轻刷压。云皮纸接口宜搭接，第一层云皮纸贴好后，再用同样方法，粘贴第二层云皮纸，直至将物面全部封闭完后，再满刷油浆一遍。

对基层处理的嵌批腻子配料为：血料：光油：消解石灰＝1：0.1：1，将洞眼缝隙嵌实批平，再满批。

工序中有四次批腻子。要点:第二遍批腻子要稠些;第三遍批腻子可根据设计要求的颜色加入颜料,腻子可适量掺熟石膏粉;嵌批第四遍腻,宜采用(熟漆:熟石膏粉:水=1:0.8:0.4)熟漆灰腻子,重压刮批。如果气候干燥,应入窨房(地下室),保持相对湿度在70%～85%之间。

第二,油灰褙布打底:工序与上述基本相同,不同处为用夏布代替麻绒和云皮纸。

第三,漆灰褙布打底:工序与上述基本相同,不同处是以漆灰代替血料油浆,以漆灰作压布灰。

②工序及操作工艺。基层面进行打底之后,可进行退光漆施涂、退磨。施涂、退磨工序及操作工艺见表2-11。

表 2-11　　　　　　　　退光漆施涂、退磨工序及操作工艺

序号	工序名称	用料及操作工艺
1	刷生漆	用漆刷在已打磨、掸净灰尘的物面上薄薄均匀刷涂
2	打磨	用220号水砂纸顺木纹打磨一遍磨至光滑,掸净灰尘
3	嵌批第五遍腻子	用生漆腻子满批一遍(生漆:熟石膏粉:细瓦灰:水=3.6:3.4:7:4),表面应平整光滑
4	打磨	用320号水砂纸蘸水打磨至平整光滑,随磨随洗,磨完后用水洗净,如有缺陷应用腻子修补平整
5	上色	用不掉毛的排笔,顺木纹薄薄涂刷一层颜色
6	刷第一遍退光漆	用短毛漆刷蘸退光漆于物面上,用力纵横交叉反复推刷,要斜刷横刷、竖理,反复多次,使漆膜均匀。再用刮净余漆的漆刷,顺物面长方向轻理拨直出边,侧面、边角要理掉漆液流坠
7	打磨	用400号水砂纸蘸肥皂水顺木纹打磨,边磨边观察,不能磨穿漆膜,磨至平整光滑,用水洗净,如发现磨穿处应修补,干后补磨

序号	工序名称	用料及操作工艺
8	刷第二遍退光漆	同第一遍
9	破粒	待二遍退光漆干后,用 400 号水砂纸蘸肥皂水将露出表面的颗粒磨破,使颗粒内部漆膜干透
10	打磨退光	用 600 号水砂纸蘸肥皂水精心轻轻短磨,磨到哪里,眼看到哪里,观察光泽磨净程度,磨至不见星光。如出现磨穿要重刷退光漆,干燥后再重磨

③操作注意事项。以上所讲的基层处理及施涂工序仅适用于木质横匾、对联及古建筑中的柱子。

从施涂的第一道工序起,应在保持 70%～85% 湿度的窨房内进行操作。

如用漆灰褙布打底,第一遍刷生漆可省去直接嵌批第五遍腻子。

上色使用配制的豆腐色浆系嫩豆腐加少量血料和颜料拌合而成,适用于红色或紫色底面,黄色可不上色。

(4)红木揩漆。

①红木揩漆。红木制品给人高雅的感受。因其木质致密,多采用生漆揩擦,可获得木纹清晰、光滑细腻、红黑相透的装饰效果。红木揩漆工艺按木质可分为红木揩漆、香红木揩漆、杂木仿红木揩漆工艺。红木揩漆工序及操作工艺见表 2-12。

表 2-12　　　　　　　　　红木揩漆工序及操作工艺

序号	工序名称	用料及操作工艺
1	基层处理	用 0 号木砂纸仔细打磨,对雕刻花纹的凹凸处及线脚等部位更应仔细打磨
2	嵌批	用生漆石膏腻子满批,对雕刻花纹凹凸处要用牛尾抄漆刷满涂均匀

续表

序号	工序名称	用料及操作工艺
3	打磨	用 0 号木砂纸打磨光滑,雕刻花纹也要磨到。掸净灰尘
4	嵌批	同工序 2
5	打磨	同工序 3
6	揩漆	用牛尾刷将生漆刷涂均匀,再用漆刷反复横竖刷理均匀,小面积、雕刻花纹及线角处要刷到,薄厚一致,最后顺木纹揩擦,理通理顺
7	嵌批	揩擦干后,再满批第三遍生漆腻子,腻子可略稀一些。同工序 2
8	打磨	待三遍腻子干燥后,用巧叶子(一种带刺的叶子)干打磨,用前将巧叶子浸水泡软,在红木表面来回打磨,直至光滑、细腻为止
9	揩漆及打磨	揩漆工序同 6,干后用巧叶干打磨,方法同上。一般要揩漆 3～4 遍,达到漆膜均匀饱满、光滑细腻,色泽均匀,光泽柔和

注:从揩漆开始,物件要入窨房干燥。

②香红木揩漆。香红木采用揩漆饰面,涂饰效果类似红木揩漆。与红木揩漆所不同之处是上色工艺。在满批第一遍生漆石膏腻子干燥打磨后,要刷涂一遍"苏木水",待干燥后,过水擦干。在揩第一遍生漆并打磨后,再刷涂"品红水",干燥后,过水擦干。后续的揩漆工序与红木揩漆工序相同。

③仿红木揩漆。仿红木揩漆与红木揩漆工序相同。"仿"的关键:在上色方面,仿红木揩漆要上三次色,每次上色后均要满批生漆石膏腻子。第一遍上色为酸性大红,第二遍、第三遍上色为酸性大红加黑粉(适量)。上色是仿红木的重要环节。

四、涂料施工操作

1. 石灰浆施涂工艺

（1）刷涂石灰浆。

施工工序及工艺：石灰浆施涂工序和工艺见表 2-13。

表 2-13　　　　　　　　　施涂石灰浆操作工序和工艺

序号	工序名称	材料	操作工艺
1	基层处理		用铲刀清除基层面上的灰砂、灰尘、浮物等
2	嵌批	纸筋灰或纸筋灰腻子	对较大的孔洞、裂缝用纸筋灰嵌填，对局部不平处批刮腻子，批刮平整光洁
3	刷涂第一遍石灰浆		用 20 管排笔，按顺序刷涂，相接处刷开接通
4	复补腻子	纸筋灰腻子	第一遍石灰浆干透后，用铲刀把饰面上粗糙颗粒刮掉，复补腻子，批刮平整
5	刷涂第二遍石灰浆		刷涂均匀，不能太厚，以防起灰掉粉

操作注意事项：

①如需配色，按色板色配制，第一遍浆颜色可配浅一些，第二、三遍深一些。

②一般刷涂两遍石灰浆即可。是否需要刷涂第三遍，则根据质量要求和施工现场具体情况决定。

（2）喷涂石灰浆。

喷涂适用于对饰面要求不高的建筑物，如厂房的混凝土构件、大板顶棚、砖墙面等大面积基层。

施工工序及工艺：喷涂石灰浆与刷涂石灰浆的工序及操作

工艺基本相同,仅是以喷代刷。

操作注意事项:

①喷涂石灰浆需多人操作,施涂前,每人分工明确,各司其职,相互协调。

②用 80 目铜丝笊过滤石灰浆,以免颗粒杂物堵塞喷头。

③喷涂顺序:先难后易,先角线后平面;做好遮盖,以免飞溅到其他基层面。

④喷头距饰面距离宜 40cm 左右,第一遍喷涂要厚。

⑤第一遍喷浆对于混凝土面宜调稠些,对清水砖墙宜调稀些。

2. 大白浆、803 涂料施涂工艺

大白浆遮盖力较强,细腻洁白且成本低;803 涂料具有一定的粘结强度和防潮性能,涂膜光滑、干燥快,能配制多种色彩,广泛地应用于内墙面、顶棚的施涂。

大白浆、803 涂料施工工序及工艺相同,主要区别是选用的涂料品种不同。

(1)施工工序:基层处理→嵌补腻子→打磨→满批腻子两遍→复补腻子→打磨→刷涂(滚涂)涂料两遍。

(2)基层宜用胶粉腻子嵌批,嵌批时再适量加些石膏粉,把基层面上的麻面、孔洞、裂缝,填平嵌实,干后打磨。

(3)新墙面则可直接满批刮腻子;旧墙面或墙表面较疏松,可以先用 108 胶或 801 胶加水稀释后(配合比1∶3)在墙面上刷涂一遍,待干后再批刮腻子。

用橡胶刮板批头遍腻子,第二遍可用钢皮刮板批刮。往返批刮的次数不能太多,否则会将腻子翻起。批刮要用力均匀,腻子一次不能批刮得太厚,厚度一般以不超过 1mm 为宜。

（4）墙面经过满刮腻子后，如局部还存在细小缺陷，应再复补腻子。复补用的腻子要求调拌得细腻、软硬适中。

（5）待腻子干后可用 1 号砂纸打磨平整，清洁表面。

（6）一般涂刷两遍，涂刷工具可用羊毛排笔或滚筒。用排笔涂刷一般墙面时，要求两人或多人同时上下配合，一人在上刷，另一人在下接刷。涂刷要均匀，搭接处要无明显的接槎和刷纹。

①辊筒滚涂法：辊筒滚涂适用于表面粗糙的墙面，墙面的滚涂顺序是从上到下、从左到右。滚涂时为使涂料能慢慢挤出辊筒，均匀地滚涂支墙面上，宜采用先松后紧的方法。对于施工要求光洁程度较高的物面必须边滚涂边用排笔理顺。

②排笔涂刷法：墙面刷涂应从左上角开始，排笔以用 20 管为宜。涂刷时先在上部墙面顶端横刷一排笔的宽度，然后自左向右从墙阴角开始向右一排接一排的直刷。当刷完一个片段，移动梯子，再刷第二片断。这时涂刷下部墙的操作者可随后接着涂刷第一片段的下排，如此交叉，直到完成。上下排刷搭接长度取 50～70mm 左右，接头上下通顺，要涂刷均匀，色泽一致。涂刷前可把排笔两端用剪刀修剪或用火烤成小圆角，以减少涂刷中涂料的滴落。

（7）施涂大白浆要轻刷快刷，浆料配好后不得随意加水，否则影响和易性和粘结强度。

（8）在旧墙面、顶棚施涂大白浆之前，清除基层后可先刷1～2 遍用熟猪血和石灰水配成的浆液，以防泛黄、起花。

☾ 3. 乳胶漆施涂工艺

适用于乳胶漆施涂的基层有混凝土、抹灰面、石棉水泥板、石膏板、木材等表面。

（1）室内施涂。

施工工序及工艺：施涂乳胶类内墙涂料的工序和工艺见表 2-14。

表 2-14　　　　　施涂乳胶类内墙涂料操作工序和工艺

序号	工序名称	材料	操作工艺
1	基层处理		用铲刀或砂纸铲除或打磨掉表面灰砂、污迹等杂物
2	刷涂底胶	108 胶水：水＝1：3	如旧墙面或墙面基层已疏松，可刷胶一遍；新墙面，一般不用刷胶
3	嵌补腻子	滑石粉：乳胶：纤维素＝5：1：3.5 加适量石膏粉，以增加硬性	将基面较大的孔洞、裂缝嵌实补平，干燥后用 0～1 号砂纸打磨平整
4	满批腻子两遍	同上（不加石膏粉）	先用橡胶刮板批刮，再用钢皮刮板批刮，刮批收头要干净，接头不留槎。第一遍横批腻子干后打磨平整，再进行第二遍竖向满批，干后打磨
5	刷涂（滚涂2～3 遍）	乳胶漆	大面积施涂应多人合作，注意刷涂衔接不留槎、不留刷迹，刷顺刷通，厚薄均匀

操作注意事项：

①施涂时，乳胶漆稠度过稠难以刷匀，可加入适量清水。加水量根据乳胶漆的质量决定，最多加水量不能超过 20%。

②施涂前必须搅拌均匀，乳胶漆有触变性，看起来很稠，一经搅拌稠度变稀。

③施涂环境温度应在 5～35℃之间。

④混凝土的含水率不得大于 10%。

（2）室外施涂。

乳液性外墙涂料又称外墙乳胶漆，其耐水性、耐候性、耐老化性、耐洗刷性、涂膜坚韧性都高于内墙涂料。分平光和有光两种，平光涂料对基层的平整度的要求没有溶剂型涂料严格。

施工工序及工艺：施工工序及工艺与表 2-14 大致相同。

操作注意事项：

①满批腻子批平压光干燥之后，打磨平整。在施涂乳胶漆之前，一定要刷一遍封底漆，不得漏刷，以防水泥砂浆抹面层析碱。底漆干透后，目测检查，有无发花泛底现象，如有再刷涂。

②外墙的平整度直接影响装饰效果，批刮腻子的质量是关键，要平整光滑。

③施涂前，先做样板，确定色调和涂饰工具，以满足花饰的要求。施涂时要求环境干净，无灰尘。风速在 5m/s 以上，湿度超过 80%，应该停涂。

④目前多采用吊篮和单根吊索在外墙施涂，除注意安全保护外，还应考虑施涂操作方便等具体要求，保证施涂质量。

4. 高级喷磁型外墙涂料施涂工艺

高级喷磁型外墙涂料（丙酸类复层建筑涂料）简称"高喷"。高喷饰面是由底、中、面三个涂层复合组成。底层为防碱底涂料（溶剂型），能增强涂层的附着力；中层为弹性骨料层（厚质水乳型），它能使涂层具有坚韧的耐热性并形成各种质感的凹凸花纹；面层为丙烯酸类装饰保护层（又分为 AC－溶剂型、AE－乳液型两种），可赋予涂层以缤纷的色彩和光泽，并使之具有良好的耐候性。"高喷"涂层结构见图2-4。它适用于各种高层与高级建筑物的外墙饰面，对混凝土、砂浆、石棉瓦楞板、预制混凝土等墙面均适宜。"高喷"饰面立体感强,耐久性好,施工效率高。

图 2-4　"高喷"涂层结构图
1—墙体;2—底层涂料;
3—中层涂料;4—面层涂料

(1)施工工序:基层处理→施涂底层涂料一遍→喷涂中层涂料一遍→滚压花纹→施涂面层涂料两遍。

(2)基层处理。"高喷"装饰效果同基层处理关系很大。施涂水性和乳液涂料时,含水率不得大于 10%;混凝土和抹灰表面施涂溶剂型涂料时,含水率不得大于 8%。对空鼓、起壳、开裂、缺棱掉角等缺陷处返工清理后,用 1:3 水泥砂浆修补;对油污可用汽油揩擦干净;对浮土和灰砂可用油灰刀和钢丝刷清理干净;对局部较小的洞缝、麻面等缺陷,可采用聚合物水泥腻子嵌补平整,常用的腻子可用 42.5 级水泥与 108 胶(或 801 胶)配制,其重量配合比约为水泥:108 胶＝100:20(加适量的水)。基层表面光洁既可以提高施涂装饰效果,同时又可以节约涂料。

(3)施涂底层涂料一遍。底层涂料又称封底涂料,其主要作用是对基层表面进行封闭,以增强中层涂料与基层粘结力。底层涂料为溶剂性,使用时可稀释(按产品说明书规定进行),一般稀释剂的掺入量约为 25%～30%。施工时采用喷涂或滚刷皆可,但要求施涂均匀,不得漏涂或流坠等。

(4)喷涂中层涂料一遍。中层涂料又称骨架或主层涂料,是"高喷"饰面的主要构成部分,也是"高喷"特有的一层成形层。中层涂料通过使用特制大口径喷枪,喷涂在底油之上,再经过滚压,即形成了质感丰满、新颖、美观的立体花纹图案。中层涂料一般有厂家生产的骨粉、骨浆,使用时按产品说明规定的配合比调配均匀就可使用。另外,为了降低成本费用,提高中层涂料的耐久性、耐水性和强度,外墙也可用由水泥(或白水泥)和 108 胶等材料调配而成的中层涂料。

(5)滚压花纹。滚压花纹是"高喷"饰面工艺的一个重要环节,直接关系到饰面外表的美观和立体感。待中层涂料喷后两成干,就可用薄型钢皮铁板或塑料滚筒(100~150mm)、滚压花纹,但要注意压花时用力要均匀,钢皮铁板或塑料滚筒每压一次都要擦洗干净一次,如不擦洗干净,剩余中层涂料,滚压时会毛糙不均匀影响美观。滚压后应无明显的接槎,不能留下钢皮铁板和滚筒的印痕,并要求墙面喷点花纹均匀美观,立体感强。

(6)施涂面层涂料两遍。面层涂料是"高喷"饰面的最外表层,其品种有溶剂型和水乳型。面层涂料内已加入了各种耐晒的彩色颜料,施涂后具有柔和的色泽,起到美化涂料膜和增加耐久性的作用。另外根据不同的需要,面层涂料分为有光、半光、无光等品种。面层涂料采用喷涂或滚刷皆可,施涂时,当涂料太稠时,可掺入相配套的稀释剂,其掺入量应符合产品说明书的有关规定。

(7)操作注意事项:

①当底、面层涂料为溶剂型时,应注意运输安全。涂料的贮置适宜温度为 5~30℃,不得雨淋和曝晒。面层涂料必须在中层涂料充分干燥后,才能施涂,在下雨前后或被涂表面潮湿时,不能施涂。

②墙面搭设的外脚手架宜离开墙面 450~500mm 为最佳,脚手架不得太靠近墙面。另外,喷涂时要特别注意脚手架上下接排处的喷点接槎处理,避免接槎处的喷点太厚,使整个墙面的喷点呈波浪形,严重影响美观。

③"高喷"的施涂质量与基层表面是否平整关系极大,抹灰表面要求平整、无凹凸。施涂前对基层表面存在的洞、缝等缺陷

必须用聚合物水泥胶腻子嵌补平整。

④喷涂中层涂料时,其点状大小和疏密程度应均匀一致,不得连成片状,不得出现露底或流坠等现象。另外喷涂时,还应将不喷涂的部位加以遮盖,以防沾污。以水泥为主要基料的中层涂料喷涂及压花纹后,应先干燥 12h,然后洒水养护 24h,再干燥 12h 后,才能施涂面层涂料。

⑤"高喷"也可用于室内各种墙面的饰面,其底、中、面层涂料同上。另外室内"高喷"中层涂料还可采用乳胶漆、大白粉、石膏粉、滑石粉等按比例调制而成。

⑥施工气候条件:气温宜在 5℃ 以上,湿度不宜超过 85%。最佳施工条件为:气温 27℃,湿度 50%。

⑦施涂工具和机具使用完毕后,应及时清洗或浸泡在相应的溶剂中。

(8)外墙涂料施涂。外墙涂料施涂质量要求见表 2-15。

表 2-15　　　　　　　　"高喷"饰面质量要求

项次	项目	质量要求
1	漏涂、透底	不允许
2	掉粉、起皮	不允许
3	反碱、咬色	不允许
4	喷点疏密程度	疏密均匀,不允许有连片或呈波浪现象
5	颜色	一致
6	门窗玻璃、灯具等	洁净

5. 喷、弹、滚涂等施涂工艺

用喷、弹、滚涂等方法来进行工程装饰施工速度快,工效高,适应面广,视觉舒适,美观大方,所以得到推广和广泛的应用。

喷涂是以压缩空气等作为动力,利用喷涂工具将涂料喷涂到物面上的一种施工方法。喷涂生产效率高、适应性强,特别适合于大面积施工和非平面物件的涂饰,保证饰面的凹凸、曲线、细孔等部位涂布均匀。常用的有内墙多彩喷涂和内外墙面彩砂喷涂。

(1)内墙多彩喷涂。

喷涂用的喷枪是一种专用喷枪。内墙多彩涂料由磁漆相和水相两大部分组成。其中磁漆相包括有硝化棉、树脂及颜料;水相有水和甲基纤维素。将不同颜色的磁漆相分散在水中,互相混合而不相溶,外观呈现出各种不同颜色的小颗粒,成为一种新型的多彩涂料,喷涂到墙面上形成一层多色彩的涂膜。所以多彩内墙涂料是近年来发展起来的一种新型涂料。其喷涂所专工具是一种专用喷枪。

多彩涂料可喷涂于多种物面上,混凝土、砂浆及纸筋灰抹面、木材、石膏板、纤维板、金属等面上均适合做多彩喷涂。多彩涂料涂膜强度高、耐油、耐碱性能好,耐擦洗,便于清除面上的多种污染,保持饰面清洁光亮。由于是多彩,显得色彩新颖,而且光泽柔和,有较强的立体感,装饰效果颇佳。由于具有上述优点和优良施工性能,此项新材料、新工艺发展很快,被广泛用于各类公共建筑及各种住宅的室内墙面、顶棚、柱子面的装饰,但多彩涂料不适宜用于室外。

①施涂工序。基层处理→嵌批腻子→刷底层涂料→刷中层涂料→喷面层涂料。

②基层处理。多彩喷涂面质量的好坏与基层是否平整有很大关系,因此墙面必须处理平整,如有空鼓、起壳,必须返工重做;凹凸处要用原材料补平;必须全部刷除抹灰面上的煤屑、草筋、粗料;基层面上的浮灰、灰砂及油污等也一定要全部清除

干净。

在夹板或其他板材面上做喷涂,接缝要用纱布或胶带纸粘贴,板上钉子头涂上防锈漆后点刷白漆,然后用油性腻子嵌补洞缝及接缝处,直至平整。

当基层为金属时,先除锈,再刷防锈漆,用油性石膏腻子嵌缝,再刷一道白漆。

总之,多彩喷涂对其层面的平整要求比一般油漆高,必须认真做好,保证喷涂质量。

③嵌批腻子、打磨嵌批墙面。可用胶老粉腻子或油性腻子,也可用白水泥加 108 胶水拌成水泥腻子。用水泥腻子批刮墙面可增加基层的强度,这对彩涂面层的牢度很有好处,而且水泥腻子调配使用也很方便,因此被广泛采用。先将墙面上洞、缝及其他缺陷处用腻子嵌实,满刮 1～2 道腻子,批刮腻子的遍数应视墙面基层的具体情况决定,以基层是否完全平整为标准。腻子干后用 1 号砂纸打磨,扫清浮灰。

④刷底层涂料。彩色喷涂的涂料一般配套供应。底层材料是水溶性的无色透明的氯偏成品涂料,其主要是起封底作用,以防墙面反碱。涂刷底层涂料用刷涂或者滚涂,涂刷要求均匀、不漏刷、无刷纹,干后用砂纸轻轻打磨。

⑤刷中层涂料。中层涂料是有色涂料,色泽与面层配套,起着色和遮盖底层的作用。中层涂料可用排笔涂刷或用滚筒滚涂。涂料在使用前要搅拌均匀,涂刷 1～2 遍,要求涂刷均匀,色泽一致,不能漏刷流挂露底和有刷痕。中层涂料干后同样要经细砂纸打磨。

⑥喷涂面层彩色涂料。涂料在喷涂前要用小木棒按同一方向轻轻搅拌均匀,以保证喷出来的涂料色彩均匀一致。大面积喷涂前要先试小样,满意后再正式施工。喷涂时喷枪与物面保

持垂直,喷枪喷嘴与物面距离以 300～400mm 为宜。喷涂应分块进行,喷好一块后进行适当遮盖,再喷另一块。喷涂墙面转角处,事先应将准备不喷的另一面遮挡 100～200mm,当一个面上喷完后,同样应将已喷好的一面遮挡 100～200mm,防止墙面转角部分因重复喷涂,而使涂层加厚。

⑦操作注意事项。

a. 基层墙面要干燥,含水率不能超过 8％。基层必须平整光洁,平整度误差不得超过 2mm;阴阳角要方正垂直。

b. 喷涂完毕后要对质量进行检查,发现缺陷要及时修正、修喷。喷好的饰面要注意保护,避免碰坏和污损。

c. 基层抹灰质量要好,粘结牢固,不得有脱层、空鼓、洞缝等缺陷。

d. 批刮腻子要平整牢固,不得有明显的接缝。

e. 喷涂时气压要稳,喷距、喷点均匀,保证涂层花饰一致。

f. 喷涂面层涂料前要将一切不需喷涂的部位用纸遮盖严实。

g. 喷枪及附件要及时清洗干净。

⑧常见的质量问题。

a. 花纹不规则。原因是压力不稳和操作方法不当,使喷涂不均匀,造成花纹不均匀。防止的办法,一是保持压力稳定,二是仔细阅读说明书,熟练掌握操作技巧。

b. 光泽不匀。面层的光泽与中层涂料涂刷质量有关,中层涂料刷得不均匀,会影响面层的质量,发现中涂有问题时要重刷中涂涂料。

c. 流挂。原因是面层涂料太稠所致。防治的方法是通过试喷来观察涂料的稠度,当涂料过稠时,可适当稀释。

d. 粘结力差。涂料不配套或中层涂料不干,会影响面层涂料的粘结力,防治的办法是涂料一定要配套使用,喷涂面层一定要等中涂干燥后再进行。

(2)内、外墙面彩砂喷涂。

墙面喷涂彩砂由于采用了高温烧结彩色砂粒,彩色陶瓷粒或天然带色石屑作为骨料,加之具有较好耐水、耐候性的水溶性树脂作胶粘剂(常用的有乙—丙彩砂涂料、苯丙彩砂涂料、砂胶外墙涂料等),用手提斗式喷枪喷涂到物面上,使涂层质感强,色彩丰富,强度较高,有良好的耐水性、耐候性和吸声性能,适用于内外墙面、顶棚面的装饰。

①工艺流程。基层处理→刷清胶→嵌批腻子→刷底层涂料→喷砂。

②基层处理。内墙基层处理的方法和要求与多彩喷涂相同;墙面基层要求坚实、平整、干净,含水率低于 8%,对于较大缺陷要用水泥砂浆或水泥腻子(108 胶水拌水泥)修补完整。墙面基层的好坏对喷涂质量影响极大,墙面不平整、阴阳角不顺直,将影响喷砂的质量和装饰效果。

③刷清胶。用稀释的 108 胶将整个墙面统刷一遍,起封底作用。如是成品配套产品,必须按要求涂刷配套的封底涂料。

④嵌批腻子。嵌批所用的腻子要用水泥腻子,特别对外墙,不能用一般的胶腻子。胶腻子强度低,易受潮粉化造成涂膜卷皮脱落。

腻子先嵌后批,一般批刮两道,第一道腻子稠些,第二道稍稀。多余的腻子要刮去。腻子干燥后用 1 号或 $\frac{1}{2}$ 号砂纸打磨,力求物面平整光滑,无洞孔裂缝、麻面、缺角等,然后扫清灰尘。

⑤刷底层涂料。底层涂料用相应的水溶性涂料或配套的成品涂料,采用刷涂或滚涂,涂刷时要求做到不流挂、不漏刷、不露

底、不起泡。

　　⑥喷彩砂。

　　a. 墙面喷砂使用手提斗式喷枪,喷嘴的口径大小视砂粒粗细而定,一般为5～8mm。

　　b. 先将彩砂涂料搅拌均匀,其稠度保持在 10～20cm 为度,将涂料装入手提式喷枪的涂料罐。

　　c. 空压机的压缩空气压力,调节保持在 600～800kPa,如压力过大砂粒容易回弹飞溅,且涂层不易均匀,涂料消耗大。

　　d. 喷涂前先要试样,在纤维板或夹板上试喷,检查空压机压力是否正常,看喷出的砂头粗细是否符合要求,合格后方可正式喷涂。

　　e. 喷涂操作时,喷嘴移动范围控制在 1～1.5m 范围内,距墙面约 400～500mm,自上而下分层平行移动,移动速度为 8～12m/min 运行过快,涂膜太薄,遮盖力不够;太慢,则会使涂层过厚,造成流坠和表面不平。喷涂一般一遍成活,也可喷涂两遍,一遍横向,一遍竖向。

　　喷砂完毕后,要仔细检查一遍,如发现有局部透底时,应在涂料未干前找补。

　　⑦施工注意事项。

　　a. 彩砂涂料不能随意加水稀释,尤其当气温较低时,更不能加水,否则会使涂料的成膜温度升高,影响涂层质量。

　　b. 喷涂前要将饰面不需喷涂的地方遮盖严实,以免造成麻烦,影响整个饰面的装饰效果。喷涂结束后要将管道及喷枪用稀释剂洗净,以免造成阻塞。

　　c. 天气情况不好,刮风下雨或高温、高湿时,不宜喷涂。

　　⑧常见的质量问题。

　　a. 堆砂。造成堆砂的原因主要有:空气压力不均,彩砂搅拌不均,操作不够熟练。操作中应分析产生的原因,有针对性地解决。

b.落砂。造成落砂的主要原因有喷料自身的黏度不够或基层还未完全干燥,如胶性不足可适量地加入 108 胶或聚酯酸乙烯乳胶漆,以调整胶的黏度。在大面积喷涂前,必须试小样,待其干燥,检验其黏结度。

6.彩弹装饰

彩弹装饰工艺主要工作原理是通过手动式电动弹涂机具内的弹力棒以离心力将各种色浆弹射到装饰面上。该工艺可根据弹涂料的不同稠度和调节弹涂机的不同转速,弹出点、线、条、块等不同形状,故又称弹涂装饰工艺。该工艺又可对各种弹出的形状进行压抹,各种颜色和形状的弹点交错复弹,使之形成层次交错、互相衬托、视觉舒适、美观大方的装饰面。它适用于建筑工程的内、外墙、顶棚及其他部位的装饰,具有良好的质感和装饰效果。

(1)几种常用弹涂材料的配制。

弹涂材料一般多应自行配制,根据需要调制出不同颜色和稀稠度。常用的有以白水泥为基料的弹涂料、以聚酯酸乙烯乳胶漆为基料的弹涂料和以 803 涂料为基料的弹涂料,需用哪种弹涂料应视实际要求而定。一般而言,以水泥为基料的适用于外墙装饰,以乳胶漆和 803 涂料为基料的适用于室内装饰。

(2)以水泥为主要基料的弹涂装饰工艺。

基层处理→嵌批腻子→刷涂料二遍→弹花点→压抹弹点→防水涂料罩面。

①基层处理。用油灰刀把基层表面及缝洞里的灰砂、杂质等铲刮平整,清理干净。如饰面上沾有油污、沥青可用汽油揩

擦,除去油污。

②嵌批腻子。先把洞、缝用清水润湿,然后用水泥、黄砂、石灰膏腻子嵌平,其腻子配合比应与基层抹灰相同。如果洞、缝过大、过深,可分多次嵌补,嵌补腻子要做到内实外平,四周干净。

凡嵌补过腻子的部位都要用 1 号或 $1\frac{1}{2}$ 号砂布打磨平整,并清扫余灰。

③涂刷涂料两遍。所用涂料可视内、外墙不同要求自行选择,外墙涂料也可自行用白水泥配制,在自行配制中把各种材料按比例混合配成色浆后,要用 80 目筛过滤,并要求 2h 内用完。涂刷顺序应自上而下地进行,刷浆厚度应均匀一致,正视无排笔接槎。

④弹花点。弹点用料调配时,先把白水泥与石性颜料拌匀,过筛配成色粉,将 108 胶和清水配成稀胶溶液,然后再把两者调拌均匀,并经过 60 目筛过滤后,即可使用,但要求材料现配现用,配好后 4h 内要用完。弹花点操作前先要用遮盖物把分界线遮盖住。电动彩弹机使用前应按额定电压接线。操作时要做到料口与墙面的距离以及弹点速度始终保持相等,以达到花点均匀一致。

⑤压抹弹点。待弹上的花点有二成干,就可用钢皮批板压成花纹。压花时用力要均匀,批板要刮直,批板每刮一次就要擦干净一次,才能使压点表面平整光滑。

⑥防水涂料罩面。刷防水罩面涂料主要适用于外墙面,为了保持墙面弹涂装饰的色泽,可按各地区的气候等情况选用罩面涂料,如甲基硅或聚乙烯醇缩丁醛等(缩丁醛:酒精=1:15)防水涂料罩面。如能选用苯丙烯酸乳液罩面,其效果则更佳。大面积的外墙面可采用机械喷涂。

（3）以聚酯酸乙烯乳胶漆为基料的弹涂装饰工艺。

基层处理→嵌批腻子两遍→涂刷乳胶漆两遍→弹花点→压抹弹点。

基层处理与以水泥为主要基料弹涂工艺的基层处理相同。

①嵌批胶粉腻子两遍。以聚酯酸乙烯乳胶漆为主要基料的弹涂工艺主要适用于内墙及顶棚装饰，所以嵌批的腻子可采用胶粉腻子。嵌批时，先把洞、缝用硬一点的腻子嵌平，待干后再满批腻子。如果满批一遍不够平整，用砂纸打磨后再局部或满批腻子一遍。嵌批腻子时应自上而下，凹处要嵌补平整，不能有批板印痕。

待腻子干透后，用 1 号或 $1\frac{1}{2}$ 号砂布全部打磨平整及光滑，并掸净粉尘。

②施涂乳胶漆两遍。有色乳胶漆自行配成后，应用 80 目筛过滤，施涂时应自上而下地进行，要求厚度均匀一致，正视无排笔接槎。

③弹花点。在大面积弹涂前必须试样，达到理想的要求时可大面积弹涂，操作要领与以水泥为基料的弹涂相同。

④压抹弹点。可视装饰要求而定，有的弹点不一定要压抹花点，如需压抹花点，其操作要点与以水泥为主要基料的压花点相同。

（4）以 803 涂料为主要基料的弹涂装饰工艺。

基层处理→嵌批胶粉腻子两遍→打磨→涂刷 803 涂料两遍→弹花点→压抹弹点。

①基层处理与以水泥为基料的弹涂工艺的基层处理相同。

②嵌批腻子两遍：嵌批的材料宜用胶粉腻子，先把较硬的胶腻子把洞缝嵌刮平整，再满批胶腻子两遍。待腻子干透后将物

面打磨平整,掸净粉尘。

③涂刷 803 涂料两遍:涂刷要求与聚酯酸乙烯乳胶漆涂刷工艺要求相同。

④弹花点与聚酯酸乙烯乳胶漆为基料的弹涂工艺相同。

⑤压抹弹点参照聚酯酸乙烯乳胶漆压抹弹点工艺要求。

(5)操作注意事项。

①彩弹所用的涂料均系酸、碱性物质,故不准用黑色金属做的容器盛装。彩弹饰面必须在木装修、水电、风管等安装完成以后才能进行施工,以免污染或损坏彩弹饰面(因损坏后难于修复)。

②每一种色料用好以后要保留一些,以备交工时局部修补用。如用户对色泽及品种方面有特殊要求,可先做小样后再施工。

③以上三种彩弹装饰工艺,所用的基料系水溶性物质涂料,故平均气温低于 5℃时不宜施工,否则应采取保温措施。

④为保持花纹和色泽一致,在同一视线下以同一人操作为宜,在上下排架子交接处要注意接头,不应留下明显的接槎。

⑤电动弹涂机使用前应检查机壳接地是否可靠,以确保操作安全。

7. 滚花

滚花是利用滚花工具在已涂刷好的内墙面涂层上滚涂出各种图案花纹的一种装饰方法。其操作容易、简便,施工速度快,工效高,节约成本,与弹涂工艺相配合,其装饰效果可与墙纸和墙布媲美。

(1)滚花工具。滚花工具有双辊滚花机和三辊滚花机两种,它们都由盛涂料的机壳和滚筒组成。双辊滚花机无引浆辊,只有上浆辊和橡皮花辊(滚花筒),工作时,由上浆辊直接传给滚花筒,就能在墙面上滚印。三辊滚花机由上浆辊、引浆辊和橡皮花辊组成,工作时三个辊筒互相同时转动,通过上浆辊将涂料传授给引浆辊,这时,在引浆辊上将多余涂料挤出流下,剩下的涂料再传给橡皮花辊,使滚花筒面上凸出的花纹图案上受浆,再滚印到墙面上。

(2)滚花筒。滚花筒上的图案花纹有几十种,对自己所喜爱的图案花纹亦可自行设计、制作。

(3)施工工序。基层处理→嵌批腻子→刷水溶性涂料→滚花。

(4)施工工艺要点。

①基层处理。滚花宜在平整的墙面上进行,所以在清理中特别对凸出的砂粒和沾污在墙面上的砂浆必须清理干净,并将整个墙面打磨一遍,然后掸净灰尘。

②嵌批石膏腻子。嵌批的材料用胶腻子,应先将洞、缝用较硬的腻子填刮平整,再满批胶腻子两遍,每遍干后必须打磨,以求使整个墙面平整。如墙面不平整,在以后的滚花中会出现滚花的缺损,影响质量。

③刷水溶性涂料两遍。涂刷何种水溶性涂料可根据需要自行选择,但涂刷的材料和滚花的材料应配套。

④滚花。

a.滚花必须待涂层完全干燥才可进行。

b.检查滚花机各辊子转动是否灵活;滚花用的涂料的黏度是否调配适宜。

c.在滚花前必进行小样试滚,达到理想要求后再大面积操作。

d.滚花操作:滚花时右手紧握机柄,也可用左手握住滚花机,使花辊紧贴墙面,从上至下垂直均速均力进行,滚花时每条滚花的起点花形必须一样;每条滚花的间距必须相等;对于边角达不到整花宽度的,可待滚花干燥后,将滚好部分用纸挡住,再滚出边角剩余部分的花样;待整个房间滚花完成后,全面检查一遍,遇到墙面不平而花未滚到处,可用毛笔蘸滚花涂料进行修补;滚花完成后,应将滚花筒拆下,冲洗干净,揩干备下次使用。

五、壁纸裱糊施工

 1. 裱糊壁纸

(1)裱糊工序。

不同基层裱糊不同材质壁纸的主要工序见表 2-16。

表 2-16　　　　　　　　裱糊各类壁纸的主要工序

序号	工序名称	抹灰、混凝土面			石膏板面			木质基层		
		普通壁纸	塑料壁纸	玻纤墙布	普通壁纸	塑料壁纸	玻纤墙布	普通壁纸	塑料壁纸	玻纤墙布
1	基层处理	+	+	+	+	+	+	+	+	+
2	接缝处糊条				+	+	+	+	+	+
3	嵌补腻子→打磨				+	+	+			+
4	满刮腻子→打磨	+	+	+						
5	刷底油	+	+	+						
6	壁纸润湿				+			+	+	
7	基层涂刷胶粘剂	+	+	+	+					
8	壁纸涂刷胶粘剂		+			+			+	
9	裱糊	+	+	+	+	+	+	+	+	+
10	擦净挤出胶水	+	+	+	+	+	+	+	+	+
11	清理修整	+	+	+	+	+	+	+	+	+

注:1. 表中"+"号表示应进行的工序。

2. 不同材料的基层相接处应糊条,石膏板缝要用专用石膏腻子和接缝纸带处理。

3. 处理混凝土和抹灰表面,必需时可增加满刮腻子遍数。

(2)裱糊工艺。

①基层处理。凡具有一定强度、表面平整、洁净、不疏松掉

粉的基层都可作裱糊。基层的处理方法见表 2-17。

表 2-17　　　　　　　　　　基层处理方法

序号	基层类型	处理方法						
		确定含水率	刷洗或漂洗	干刮	干磨	钉头补防锈油	填充接缝、钉孔、裂缝	刷胶
1	混凝土	+	+	+	+		+	+
2	泡沫聚苯乙烯	+					+	
3	石膏面层	+		+	+	+	+	+
4	石灰面层	+		+	+	+	+	+
5	石膏板	+				+	+	+
6	加气混凝土板	+				+	+	+
7	硬质纤维板	+				+	+	+
8	木质板	+			+	+	+	+

注：1.刷胶（底油）是为了避免基层吸水过快，将涂于基面的胶液迅速吸干，使壁纸来不及裱糊在基层面上。

　　2."＋"表示应进行的工序。

②刷底油要根据粘贴部位和使用环境选择。湿度比较大宜选用清漆和光油；干燥环境下可用稀释的 108 胶水，按顺序刷涂均匀，刷油不宜过厚。

③在掌握饰面尺寸的基础上，决定接缝部位、尺寸、条数后进行裁割。裁割要考虑接缝方法，留有搭接宽度。搭接的宽度以不显眼为准。

④弹线一般在墙转角处、门窗洞口处弹线，以保证饰面水平线或垂直线的准确，以保证壁纸粘贴位置的准确。

⑤把裁割好的壁纸进行闷水。闷水方法是将壁纸放在水槽中浸泡几分钟或在壁纸背面刷清水一遍，静置几分钟，使壁纸充分胀开。

⑥裱糊工艺要点见图 2-5～图 2-12。

图 2-5　墙面壁纸裱糊顺序示意图　　　图 2-6　顶棚壁纸裱糊顺序示意图

(a)　　　　　　　(b)　　　　　　　(c)

图 2-7　对花的类型示意图

(a)横向排列；(b)斜向排列；(c)不用对花的图案

图 2-8　阴阳角裱糊搭接示意图　　　图 2-9　壁纸对口拼缝示意图

图 2-10　壁纸搭口拼缝示意图　　　图 2-11　顶棚裱糊示意图

(a)　　　　　　　　　(b)

图 2-12　修整示意图

(a)修齐下端余量;(b)修齐顶端余量

⑦墙角裱贴及裱贴时墙上物件的处理。

a. 墙角裱贴。裱贴壁纸时,绕过墙角的材料不可超过 12.5mm,否则便会形成一个不雅观的揩痕。快要接近墙角时,剪下一幅比墙角到最后一段墙纸间略宽的材料,依照常法将之裱满。然后,再从墙角量出宽度,定出一条新锤线,在第二面墙上依法贴下一段壁纸。

b. 裱贴时墙上物体的处理。尽可能卸下墙上的物件。在卸下墙上的电灯开关时,首先要切断电源。用火柴棒插入螺丝孔,事后重新安装时会方便许多。不能拆下来的配件,只好在墙纸上剪个口再裱上去。将墙纸轻轻糊于电灯开关上面,找到中心点。从中心点往外剪,使壁纸可以平裱于墙面为止,然后用笔轻轻标出开关轮廓的位置,慢慢拉起多余的壁纸,剪去不需要的部分。圆形障碍物裱贴时壁纸应进行星形裁切。

2. 其他材料裱糊

(1)裱糊玻璃纤维墙布。

裱糊玻璃纤维墙布工艺与裱糊壁纸工艺大致相同。但裱糊玻璃纤维墙布也要注意以下不同点。

①裱糊前不需闷水;粘贴剂宜采用聚醋乙烯酯乳胶,以保证

粘结强度;对花拼接切忌横拉斜扯。

②玻璃纤维墙布遮盖力较差,为保证裱糊面层色泽均匀一致,宜在粘贴剂中掺入适量的白色涂料。

(2)裱糊绸缎。

绸缎的材质不同于壁纸和玻璃纤维墙布,因其有缩胀率、质软、易受虫咬等特性,故裱糊绸缎除需要遵循一般的常规工序和工艺要求外,必须做一些处理。

选用的绸缎开幅尺寸要留有缩水余量(一般的缩水率幅宽方向为 $0.5\% \sim 1\%$,幅长方向为 1%),如需对花纹图案,须放长一个图案的距离,并要注意单一墙面两边图案的对称性,门窗多角处要计算准确或同时开幅或随贴随开。

将开幅裁好的绸缎浸泡在清水中约 $5 \sim 10min$,取出晾至七八成干,平铺在绒面工作台上,在其背面上浆,把浆液由中间向两边用力压刮,薄而均匀。

待刮浆的绸缎半干后,平铺在工作台上,熨烫平整(熨斗底面与绸缎背面之间要垫一块湿布),方能裱糊,否则影响装饰效果。或将色细布缩水晾至半干,刮浆后,将其对齐粘贴在绸缎背面,垫上牛皮纸,用滚筒压实(或垫上湿布)后烫平。

上述两种方法可以根据施工条件,任选一种。

绸缎烫平后,裁去边条。上浆的配合比为面粉:防虫涂料:水 $=5:40:20$(重量比)。裱糊后可在面层上涂刷一遍透明防虫涂料。

(3)裱糊金属膜壁纸。

裱糊金属膜壁纸的基层表面一定要平整光洁。

裱糊前将金属膜壁纸浸水 $1 \sim 2min$,阴干后,采用专用金属膜壁纸粉胶,在背面刷胶。边刷边将刷过胶的金属膜壁纸卷在圆筒上。

裱糊前再次揩擦干净基层面,对接缝有对花要求的,裱糊从上向下,宜两人配合默契,一人对花拼缝,一人手托壁纸放展。金属膜壁纸接缝处理可对缝、可搭接。

六、玻璃裁切与安装

1. 玻璃喷砂和磨砂

（1）玻璃喷砂。

喷砂是利用高压空气通过喷嘴的细孔时所形成的高速气流,携带金刚砂或石英砂细粒等喷吹到玻璃表面上,使玻璃表面不断受砂粒冲击,形成毛面。

喷砂面的组织结构取决于气流的速度以及所携带砂粒的大小与形状,细砂粒可冲击摩擦玻璃表面形成微细组织,粗砂粒则能加快喷砂面的侵蚀速度。喷砂主要应用于玻璃表面磨砂以及玻璃仪器商标的打印。

（2）玻璃磨砂。

玻璃磨砂是用金刚砂对平板玻璃进行手工磨砂或机器喷砂,使玻璃单面呈均匀的粗糙状。这种玻璃透光而不透视,并且光线不扩散,能起到保护视力的作用。常用于建筑物的门、窗、隔断、浴室、玻璃黑板、灯具等。

①准备工作。根据磨砂玻璃的需求量、厚度及尺寸,集中裁划所需磨砂的玻璃。

手工磨砂材料及工具主要有 280～300 目金刚砂、废旧砂轮、马达、皮带、铁盘等。

②机械磨砂。有机械喷砂和自动漏砂打磨两种方法。所谓机械自动漏砂打磨是指在机械上面装一只上大下小呈梯形的铁皮砂斗,斗的底部钻数百个孔,底板上有一块可以抽动的铁皮挡

板,机械中间装有长轴电砂翼轮,下面装有一个封闭式能活动的盛砂槽。打磨时,将金刚砂装满漏砂斗,把平板玻璃放置在受砂床上,开动电机使机械运转,抽掉铁皮,随着机械运转落到长轴电砂翼轮上的砂打洒在玻璃表面上,使玻璃表面不断受冲击形成毛面。

③手工磨砂。当磨砂玻璃的使用量不大时,可采用手工磨砂的方法,加工时应根据玻璃面积及厚度分别采用不同的方法。

a. 3mm 厚的小尺寸平板玻璃磨砂方法:将金刚砂均匀铺在玻璃表面,将另一块玻璃覆盖其上,金刚砂隔在两玻璃中间,双手平稳压实上面的玻璃,用弧形旋转的方法来回研磨即可。

b. 5mm 以上厚度的玻璃磨砂方法:将平板玻璃平置于垫有绒毯等柔软织物的平整工作台上,把生铁皮带盘轻放在玻璃表面,皮带盘中间的孔洞内装满 280~300 目的金刚砂或其他研磨材料,双手握住盘边,进行推拉式旋磨。此外还可用粗瓷碗研磨,在玻璃表面放适量金刚砂,反扣瓷碗,双手按住碗底进行旋磨。

④操作注意事项。

a. 手工磨砂应从四周边角向中间进行。用力要适当、均匀,速度放慢,避免玻璃压裂或缺角。

b. 玻璃统磨后,应检验,如有透明处,作记号后再进行补磨。

c. 磨砂玻璃的堆放应使毛面相叠,且大小分类,不得平放。

⑤玻璃磨砂的质量要求。

a. 透光不透视。

b. 研磨后的玻璃呈均匀的乳白色。

2. 玻璃钻孔及开槽的方法

(1)玻璃钻孔方法。

根据使用功能的需要,有的玻璃在安装前需进行钻孔加工,即将特殊钻头装在台钻等工具上对玻璃进行钻孔加工。常用的钻头一般有金刚石空心钻、超硬合金玻璃钻、自制钨钢钻三类,具体操作如下。

①准备工作。钻孔前需在玻璃上按设计要求定出圆心,并用钢笔点上墨水,把钻头安装完毕。

②自制钨钢钻的钻孔。方法同上,工具需要钳工和电焊工配合制作。取长为 60mm、直径为 4mm 的一段硬钢筋,取 20mm 左右的钨钢,用铜焊焊接,然后将钨钢磨成尖角三角形即可。

③金刚石空心钻钻孔。手摇玻璃钻孔操作时,将玻璃放到台板面上,旋转摇动手柄,使金刚石空心钻旋转摩擦,直至钻通为止,一般可用于 5～20mm 直径洞眼的加工。

④超硬合金玻璃钻钻孔。钻头装在手工摇钻上或低速手电钻上,钻头对准圆心,用一只手握住手摇钻的圆柄,轻压旋转即可。这种方法适用于加工 3～10mm 的洞眼。

⑤操作注意事项。

a.钻孔工作台应放平垫实,不得移动。

b.在玻璃上画好圆心的位置,用手按住金刚钻用力转几下,使玻璃上留下一个稍凹的圆心,保证洞眼位置不偏移。

c.钻眼加工时,应加金刚砂并随时加水或煤油冷却。起钻和快钻出时,进给力应缓慢而均匀。

(2)玻璃开槽方法。

开槽的方法主要有两种:一是自制玻璃开槽机;二是用砂轮手磨开槽。具体操作如下:

①准备工作：用钢笔在玻璃上画出槽的长度和宽度。

②操作方法：

a.电动开槽法：电动开槽机是自制的金刚砂磨槽工具。开槽时，将玻璃搁在电动开槽机工作台的固定木架上，调节好位置，对准开槽处，开动电机即可。

b.金刚砂轮手磨开槽法：取一块与槽口宽度相近的金刚砂轮，对准玻璃开槽的长度，来回转动金刚砂轮进行开槽。这种方法只能在没有机械的情况下采用，它工效慢、费时，且槽口易变形。

③操作注意事项：

a.开槽时，画线要正确。

b.机械开槽时为了防止金刚砂和玻璃屑飞溅，操作时应戴防护眼镜。

c.规格不同的玻璃开槽时，应分类堆放。

3. 玻璃的化学蚀刻

玻璃的化学蚀刻是用氢氟酸溶掉玻璃表层的硅氧，根据残留盐类的溶解度不同，可得到光泽的表面或无光泽的表面。

蚀刻后，玻璃表面的性质取决于氢氟酸与玻璃作用所生成的盐类的性质。如生成的盐类溶解度小，且以结晶状态保留在玻璃表面，不易清除，则得到粗糙又无光泽的表面，如反应物不断被清除，则得到非常平滑或有光泽的表面。

玻璃的化学组成是影响蚀刻表面的主要因素之一，含碱少或含碱土金属氧化物很少的玻璃不适于表面蚀刻；蚀刻液及蚀刻膏的组成也是影响蚀刻表面的主要因素，若含有能溶解反应生成物的成分，如硫酸等，即可得到有光泽的表面。因此可以根据表面光泽度的要求来选择蚀刻液、蚀刻膏的配方。

　　蚀刻液可由盐酸加入氟化铵与水组成;蚀刻膏由氟化铵、盐酸、水并加入淀粉或粉状冰晶石配成。制品上不需要腐蚀的地方可涂上保护漆或石蜡。

　　(1)准备工作。

　　①配溶液:用浓度为99%的氢氟酸和蒸馏水以3:1的比例配好待用。

　　②把玻璃表面清理干净,将石蜡溶化,用排笔直接刷上三四遍。

　　(2)操作方法。

　　①石蜡冷却后,将图案复印在蜡面上,用雕刻刀在刷过石蜡的玻璃表面上刻出字体和花纹,雕刻完毕后,将雕刻处用洗洁精洗干净,并用蜡液把雕刻的缺损处补完整。

　　②用新毛笔蘸氢氟酸溶液轻轻刷在字体和花纹上面,隔15～20min,表面起白粉状,把白粉掸掉,再刷一遍,再掸掉,直至达到要求为止。氢氟酸溶液刷的遍数越多,字体和花纹就越深,夏天一般需4h完成,春秋季约需6h完成,冬天则要8h才能完成。

　　③字体和花纹蚀刻完后,把石蜡全部清除干净,再用洗洁精清洗干净。

　　(3)操作注意事项。

　　①配好的溶液和原液要贴上标签。

　　②涂蜡必须厚薄均匀。操作过程中,应注意氢氟酸溶液外溢,要戴防毒手套。雕刻字体和花纹时,保证笔画正确。

4. 玻璃安装

　　(1)木门窗玻璃安装。

　　①先将裁口内的污物清除,沿裁口均匀嵌填1.5～3mm厚

的底油灰,把玻璃压至裁口内,推压至油灰均匀略有溢出。

②用钉子或木压条固定玻璃。钉距不得大于 300mm,每边不得少于两颗。

用油灰固定:再刮油灰(沿裁口填实)→切平→抹成斜坡,见图 2-13。

用木条固定:无需再刮油灰,直接用木压条沿裁口压紧玻璃,见图 2-14。

图 2-13　油灰固定

图 2-14　木条固定

(2)铝合金门窗玻璃安装。

①剥离门窗框保护膜纸,安装单块尺寸较小玻璃时可用双手夹住就位;单块尺寸较大时,用吸盘就位。

②安装中框玻璃或面积大于 $0.65m^2$ 的玻璃,应先在玻璃竖向两边各搁置一垫块,放搁尺寸位置见图 2-15。

图 2-15　放置垫块

(垫块放置于玻璃宽度的 1/4 处,且距边不少于 150mm)

③玻璃就位后,前后垫实,缝隙一致,镶上压条。玻璃安装后,其边缘与框、扇金属面应留有规定的间隙。

铝合金门窗玻璃最小安装尺寸见表 2-18。

表 2-18   铝合金门窗玻璃最小安装尺寸   （单位：mm）

部位示意	玻璃厚度	前后余隙/a	嵌入深度/b	边缘余隙/c		
	3	2.5	8	3		
	5~6	2.5	8	4		
	8~10	3.0	10	5		
	12	3.0	10	5		
	15	5.0	12	8		
	中空玻璃			上边	上边	两侧
	3+A+3	5.0	12	7	6	5
	4+A+4	5.0	13	7	6	5
	5+A+5	5.0	14	7	6	5
	6+A+6	5.0	15	7	6	5

④玻璃安装就位后，及时用胶条固定。型材密缝条镶嵌一般有三种做法。

a. 嵌紧橡胶条，在橡胶条上面注入硅酮系列密封胶。

b. 用 10mm 左右长的橡胶块，挤住玻璃，再注入密封胶，注入深度不宜小于 5mm。为保证玻璃安装的牢固和窗扇的密封，在 24h 内不得受震动。

c. 用橡胶压条封缝，表面不再注密封胶。

铝合金门窗玻璃一般密封嵌固形式见图 2-16～图 2-18。

（3）幕墙玻璃安装。

玻璃幕墙根据结构框不同，可分为明框、隐框、半隐框。由于其在装饰工程中所处的特殊位置和特性，对玻璃安装及嵌固粘结材料的质量要求极为严格。

图 2-16　干性材料密封嵌图

1—排水孔；

2—夹紧的氯丁橡胶垫片；

3—严实的楔形垫

图 2-17　湿性材料密封嵌图

1—排水孔；2—预制条；3—盖压条；

4—连续式楔条；5—底条(空气密封)

注：每块玻璃必须有入口直径至少为 6.35mm
的排水孔，不能受垫块的影响，位置可变动。

图 2-18　湿/干性材料密封嵌图

1—排水孔；2—预制条；3—盖压条(可选)；

4—密封的楔形垫；5—底条相容性空气密封

　　对材料的选择除必须符合《玻璃幕墙工程质量检验标准》
（JGJ/T 139—2001）外，还应符合《半钢化玻璃》（GB/T
17841—2008)、《建筑安全玻璃　第 2 部分：钢化玻璃》（GB
15763.2—2005)《建筑用硅酮结构密封胶》（GB 16776—2005)。

　　幕墙玻璃安装与铝合金门窗玻璃安装既有相同点，也有不
同点。

　　①幕墙玻璃最小安装尺寸见表 2-19。

表 2-19　　　　　　　　　　幕墙玻璃最小安装尺寸　　　　　　　（单位：mm）

部位示意	玻璃厚度	前后余隙/a	嵌入深度/b	边缘余隙/c		
单层玻璃　单层平板玻璃	5～6	3.5	15	5		
	8～10	4.5	16	5		
	12 以上	5.5	18	5		
	中空玻璃			上边	上边	侧边
中空玻璃	4＋A＋4	5.0	12	7	5	5
	5＋A＋5	5.0	16	7	5	5
	6＋A＋6	5.0	16	7	5	5
	8＋A＋8 以上	5.0	16	7	5	5

②安装隐框和半隐框幕墙时，临时固定玻璃要有一定强度，以避免结构胶尚未固化前，玻璃受震动粘结不牢，影响质量。

③玻璃幕墙嵌固玻璃的方法见图 2-19。

(a)　　　　　　　　　　　　　　(b)

图 2-19　玻璃幕墙玻璃嵌固形式

（a）明框玻璃幕墙　　　　　　　　　　（b）隐框玻璃幕墙

1—耐候硅酮密封胶；2—双面胶带；　　　　1—结构硅酮密封胶；

3—橡胶嵌条；4—橡胶支撑块；　　　　　　2—耐候硅酮密封胶；

5—扣条或压条；6—外侧盖板；7—定位块　　3—泡沫棒；4—橡胶垫条

（4）镜面玻璃安装。

建筑物室内用玻璃或镜面玻璃饰面，可使墙面显得亮丽、大方，还能起到反射景物、扩大空间、丰富环境氛围的装饰效果。

①镜面安装方法。镜面的安装方法有贴、钉、托压等。

贴是以胶结材料将镜面贴在基层面上,适用于不平或不易整平的基层。宜采用点粘,使镜面背部与基层面之间存在间隙,利于空气流通和冷凝水的排出。采用双面胶带粘贴,对基层面要有平整光洁的要求,胶带的厚度不能小于 6mm;留有间隙的道理如前所述。为了防止脱落,镜面底部应加支撑。

钉是以铁钉、螺钉为固定构件,将镜面固定在基层面上。在安装之前,在裁割好的镜面的边角处钻孔(孔径大于螺钉直径)。

螺钉固定见图 2-20。螺钉不要拧得太紧,待全部镜面固定后,用长靠尺检验平整度,对不平部位,用拧紧或拧松螺钉进行最后调平。最后,对镜面之间的缝隙用玻璃胶嵌填均匀、饱满,嵌胶时注意不要污染镜面。

嵌钉固定不需对镜面钻孔,按分块弹线位置先把嵌钉钉在木筋(木砖)上,安装镜面用嵌钉把其四个角依次压紧固定。安装顺序:从下向上进行,安装第一排,嵌钉应临时固定,装好第二排后再拧紧嵌钉,见图 2-21。

图 2-20　螺钉固定镜面　　　　　图 2-21　嵌钉固定镜面

托压固定主要靠压条和边框将镜面托压在基层面上。压条固定顺序:从下向上进行。先用压条压住两镜面接缝处,安装上一层镜面后再固定横向压条。

木质压条一般要加钉牢固。钉子从镜面缝隙中钉入,在弹线分格时要留出镜面间隙距离。托压固定安装镜面,见图 2-22。

图 2-22　托压固定

(a)镜面固定示意；(b)镜面固定节点示意

②操作注意事项。安装时,镜背面不能直接与未刷涂的木质面、混凝土面、抹灰面接触,以免对镜面产生腐蚀。

粘结材料的选用,应注意贴面与被贴面要具有相容性。

(5)栏板玻璃安装。

为了增添通透的空间感和取得明净的装饰效果,玻璃栏板的使用已很普遍。

玻璃栏板按安装的形式分为镶嵌式、悬挂式、全玻璃式,见图 2-23~图 2-25。

图 2-23　镶嵌式

1—金属扶手；2—金属立柱；

3—结构底座；4—玻璃

图 2-24　悬挂式

1—金属扶手；2—金属立柱；

3—金属夹板；4—结构底座；5—玻璃

安装注意事项如下：

①必须使用安全玻璃,厚度应符合设计要求。

图 2-25　全玻璃式

1—金属扶手；2—玻璃；3—结构硅酮胶；

4—结构底座；5—金属嵌固件

②钢化玻璃、夹层玻璃均应在钢化和夹层成型前裁割，要进行磨边、磨角处理。

③立柱安装要保证垂直度和平行度。玻璃与金属夹板之间应放置薄垫层。

④镶嵌式与全玻璃式栏板底座和玻璃接缝之间应采用玻璃胶嵌缝处理。

5.玻璃的搬运及存放

（1）玻璃的搬运要求。

①装运成箱玻璃要将箱盖朝上，直立紧靠，不能相互碰撞，如有间隙应以软物垫实或者用木条连接钉牢。

②长途运输要做好防雨措施，以防玻璃粘结；短途搬运要用抬杆抬，不可多人抬角搬运。

③装卸或堆放玻璃应轻抬轻放，不能随手溜滑，防止振动和倒塌。

④玻璃运输和搬运，应保持道路通畅，没有脚手架或其他障碍物。搬运过程中不要突然停步或向后转动，以防碰及后面的人。

（2）玻璃存放及保管。

玻璃如不能正确存放则容易破裂，受潮、雨淋后会发生粘连现象，会造成玻璃的大量损伤，为此，玻璃的存放及保管必须遵守以下规定：

①放置玻璃时应按规格和等级分别堆放,避免混淆,大号玻璃必须填上两根木方。

②玻璃不能平躺储存,应靠紧立放,立放玻璃应与地面水平成 70°夹角。玻璃不能歪斜储存,也不得受其自身的重压。各堆之间应留出通道以利搬运,堆垛木箱的四角应用木条固定牢。

③储存环境应保持干燥,木箱的底部应垫高 10cm,防止受潮。

④玻璃不可露天存放。如必须存放于露天,日期不宜过长,且下面要垫高,离地应保持在 20～30cm,上面用苫布盖好,以防雨淋。

第3部分 涂裱工岗位安全常识

一、涂裱工施工安全基本知识

1. 油漆安全操作

(1)各种油漆材料(汽油、漆料、稀料)应单独存放在专用库房内,不得与其他材料混放。库房应通风良好。易挥发的汽油、稀料应装入密闭容器中,严禁在库内吸烟和使用任何明火。

(2)油漆涂料的配制应遵守以下规定:

①调制油漆应在通风良好的房间内进行,调制有害油漆涂料时,应戴好防毒口罩、护目镜,穿好与之相应的个人防护用品。工作完毕应冲洗干净。

②工作完毕,各种油漆涂料的溶剂桶(箱)要加盖封严。

③操作人员应进行体检,患有眼病、皮肤病、气管炎、结核病者不宜从事此项作业。

(3)使用人字梯应遵守以下规定:

①高度2m以下作业(超过2m按规定搭设脚手架)使用人字梯应四脚落地,摆放平稳,梯脚应设防滑橡皮垫和保险拉链。

②人字梯上搭铺脚手板,脚手板两端搭接长度不得少于20cm。脚手板中间不得同时两人操作,梯子挪动时,作业人员必须下来,严禁在梯子上踩高跷式挪动。人字梯顶部铰轴不准站人,不准铺设脚手板。

③人字梯应经常检查,发现开裂、腐朽、榫头松动、缺档等不得使用。

（4）使用喷灯应遵守以下规定：

①使用喷灯前应检查开关及零部件是否完好,喷嘴要畅通。喷灯加油不得超过容量的 4/5。

②每次打气,不能过足。点火应选择在空旷处,喷嘴不得对人。气筒部分出现故障,应先熄灭喷灯,再行修理。

（5）外墙、外窗、外楼梯等高处作业时,应系好安全带。安全带应高挂低用,挂在牢靠处。对窗户油漆时,严禁站在或骑在窗栏上操作,刷封檐板或水落管时,应利用脚手架或在专用操作平台架上进行。

（6）刷坡度大于 25°铁皮层面时,应设置活动跳板、防护栏杆和安全网。

（7）刷耐酸、耐腐蚀的过氯乙烯涂料时,应戴防毒口罩。打磨砂纸时必须戴口罩。

（8）在室内或容器内喷涂,必须保持良好的通风。喷涂时严禁对着喷嘴察看。

（9）空气压缩机压力表和安全阀必须灵敏有效。高压气管各种接头应牢固,修理料斗气管时应关闭气门,试喷时不准对人。

（10）喷涂人员作业时,如头痛、恶心、胸闷和心悸等,应停止作业,到户外通风换气。

▷ 2. 玻璃工安全操作

（1）裁割玻璃应在房间内进行,边角余料要集中堆放,并及时处理。

（2）搬运玻璃时应戴手套或用布、纸垫着玻璃,将手及身体裸露部分隔开。散装玻璃运输必须采用专门夹具（架）。玻璃应直立堆放,不得水平堆放。

（3）安装玻璃所用工具应放入工具袋内,严禁将铁钉含在口内。

（4）安装窗扇玻璃时,严禁上下两层垂直交叉同时作业;安装天窗及高层房屋玻璃时,作业下方严禁走人或停留。碎玻璃不得向下抛掷。

（5）悬空高处作业必须系好安全带,严禁腋下挟住玻璃,另一手扶梯攀登上下。

（6）玻璃幕墙安装应利用外脚手架或吊篮架子从上往下逐层安装;抓拿玻璃时应利用橡皮吸盘。

（7）门窗等安装好的玻璃应平整、牢固、不得松动。安装完毕必须立即将风钩挂好或插上插销。所剩残余玻璃,必须及时清扫集中堆放到指定地点。

3. 预防和处理涂裱工安全事故的方法

涂裱工经常会接触到一些易燃物品和易腐蚀的物品,所以在施工前就应注意安全,除了对物品的性能要了解外,对施工场地、施工工具也要了解,这样才能有效地做好预防措施。

（1）涂料工程施工现场要严格遵守防火制度,严禁火源,通风要良好。涂料库房要远离建筑物,并备有足够的灭火器械。

（2）现场使用汽油、脱漆剂清除旧油漆时,应切断电源,严禁吸烟,周围不得堆积易燃物。

（3）施涂用的脚手架,在施工前要经过安全部门验收,合格后方可上人操作,室内高度超过 3.6m 以上时,应搭满堂红脚手架或工作台。

（4）在使用火碱水清除旧油漆前,要戴好橡皮手套与防护眼镜及穿防护鞋。

（5）高空和垂直作业施工时,必须戴好安全帽,系好安全带。

（6）在楼房外檐安装玻璃时，要告知下层外檐人员，不准进行门窗或外檐装饰工作，以免玻璃失落伤人。

（7）在可能的情况下，尽量湿度作业，减少灰尘，有石棉粉尘时，须使用呼吸器。

（8）清除大量灰尘时，要使用真空吸尘器，不要采用人工刷和扫的方法。

二、现场施工安全操作基本规定

1.杜绝"三违"现象

员工遵章守纪，是实现安全生产的基础。员工在生产过程中，不仅要有熟练的技术，而且必须自觉遵守各项操作规程和劳动纪律，远离"三违"，即违章指挥、违章操作、违反劳动纪律。

（1）违章指挥。企业负责人和有关管理人员法制观念淡薄，缺乏安全知识，思想上存有侥幸心理，对国家、集体的财产和人民群众的生命安全不负责任。明知不符合安全生产有关条件，仍指挥作业人员冒险作业。

（2）违章作业。作业人员没有安全生产常识，不懂安全生产规章制度和操作规程，或者在知道基本安全知识的情况下，在作业过程中，违反安全生产规章制度和操作规程，不顾国家、集体的财产和他人、自己的生命安全，擅自作业，冒险蛮干。

（3）违反劳动纪律。上班时不知道劳动纪律，或者不遵守劳动纪律，违反劳动纪律进行冒险作业，造成不安全因素。

2.牢记"三宝"和"四口、五临边"

（1）"三宝"指安全帽、安全带、安全网。安全帽、安全带、安全网是工人的三件宝，只有正确佩戴和使用，才可以保证个人安全。

（2）"四口"指楼梯口、电梯井口、预留洞口、通道口。"五临边"是指尚未安装栏杆的阳台周边、无外架防护的层面周边、框架工程楼层周边、上下跑道及斜道的两侧边、卸料平台的侧边。

"四口、五临边"是施工现场最危险和最容易发生事故的地方，因此对施工现场重要危险部位进行正确的防护，可以有效地减少事故发生，为工人作业提供一个安全的环境。

3. 做到"三不伤害"

"三不伤害"是指不伤害自己、不伤害他人、不被他人伤害。

施工现场每一个操作人员和管理人员都要增强自我保护意识，同时也要对安全生产自觉负起监督的责任，才能达到全员安全的目的。

施工时经常有上下层或者不同工种、不同队伍互相交叉作业的情况，要避免这时候发生危险。相互间协调好，上层作业时，要对作业区域围蔽，有人值守，防止人员进入作业区下方。此外落物伤人，也是工地经常发生的事故之一，进入施工现场，一定要戴好安全帽。作业过程中，观察周围，不伤害他人，也不被他人伤害，这是工地安全的基本原则。自己不违章，只能保证不伤害自己，不伤害别人。要做到不被别人伤害，就要及时制止他人违章。制止他人违章既保护了自己，也保护了他人。

4. 加强"三懂三会"能力

"三懂三会"即懂得本岗位和部门有什么火灾危险性，懂得灭火知识，懂得预防措施；会报火警，会使用灭火器材，会处理初起火灾。

5. 掌握"十项安全技术措施"

（1）按规定使用安全"三宝"。

（2）机械设备防护装置一定要齐全有效。

（3）塔吊等起重设备必须有限位保险装置，不准带病运转，不准超负荷作业，不准在运转中维修保养。

（4）架设电线线路必须符合当地电业局的规定，电气设备必须全部接零接地。

（5）电动机械和手持电动工具要设置漏电保护器。

（6）脚手架材料及脚手架的搭设必须符合规程要求。

（7）各种缆风绳及其设置必须符合规程要求。

（8）在建工程的楼梯口、电梯口、预留洞口、通道口，必须有防护设施。

（9）严禁赤脚或穿高跟鞋、拖鞋进入施工现场，高空作业不准穿硬底和带钉易滑的鞋靴。

（10）施工现场的悬崖、陡坎等危险地区应设警戒标志，夜间要设红灯示警。

6. 施工现场行走或上下的"十不准"

（1）不准从正在起吊、运吊中的物件下通过。

（2）不准从高处往下跳或奔跑作业。

（3）不准在没有防护的外墙和外壁板等建筑物上行走。

（4）不准站在小推车等不稳定的物体上操作。

（5）不得攀登起重臂、绳索、脚手架、井字架、龙门架和随同运料的吊盘及吊装物上下。

（6）不准进入挂有"禁止出入"或设有危险警示标志的区域、场所。

（7）不准在重要的运输通道或上下行走通道上逗留。

（8）未经允许不准私自进入非本单位作业区域或管理区域，尤其是存有易燃、易爆物品的场所。

（9）严禁在无照明设施、无足够采光条件的区域、场所内行走、逗留。

（10）不准无关人员进入施工现场。

7. 做到"十不盲目操作"

做到"十不盲目操作"，是防止违章和事故的基本操作要求。

（1）新工人未经三级安全教育，复工换岗人员未经安全岗位教育，不盲目操作。

（2）特殊工种人员、机械操作工未经专门安全培训，无有效安全上岗操作证，不盲目操作。

（3）施工环境和作业对象情况不清，施工前无安全措施或作业安全交底不清，不盲目操作。

（4）新技术、新工艺、新设备、新材料、新岗位无安全措施，未进行安全培训教育、交底，不盲目操作。

（5）安全帽和作业所必需的个人防护用品不落实，不盲目操作。

（6）脚手、吊篮、塔吊、井字架、龙门架、外用电梯、起重机械、电焊机、钢筋机械、木工平刨、圆盘锯、搅拌机、打桩机等设施设备和现浇混凝土模板支撑、搭设安装后，未经验收合格，不盲目操作。

（7）作业场所安全防护措施不落实，安全隐患不排除，威胁人身和国家财产安全时，不盲目操作。

（8）凡上级或管理干部违章指挥，有冒险作业情况时，不盲目操作。

（9）高处作业、带电作业、禁火区作业、易燃易爆作业、爆破性作业、有中毒或窒息危险的作业和科研实验等其他危险作业的,均应由上级指派,并经安全交底;未经指派批准、未经安全交底和无安全防护措施,不盲目操作。

(10)隐患未排除,有自己伤害自己、自己伤害他人、自己被他人伤害的不安全因素存在时,不盲目操作。

8."防止坠落和物体打击"的十项安全要求

(1)高处作业人员必须着装整齐,严禁穿硬塑料底等易滑鞋、高跟鞋,工具应随手放入工具袋中。

(2)高处作业人员严禁相互打闹,以免失足发生坠落事故。

(3)在进行攀登作业时,攀登用具结构必须牢固可靠,使用必须正确。

(4)各类手持机具使用前应检查,确保安全牢靠。洞口临边作业应防止物件坠落。

(5)施工人员应从规定的通道上下,不得攀爬脚手架、跨越阳台,不得在非规定通道进行攀登、行走。

(6)进行悬空作业时,应有牢靠的立足点并正确系挂安全带;现场应视具体情况配置防护栏网、栏杆或其他安全设施。

(7)高处作业时,所有物料应该堆放平稳,不可放置在临边或洞口附近,且不可妨碍通行。

(8)高处拆除作业时,对拆卸下的物料、建筑垃圾都要加以清理和及时运走,不得在走道上任意乱置或向下丢弃,保持作业走道畅通。

(9)高处作业时,不准往下或向上乱抛材料和工具等物件。

(10)各施工作业场所内,凡有坠落可能的任何物料,都应先行撤除或加以固定,拆卸作业要在设有禁区、有人监护的条件下进行。

9. 防止机械伤害的"一禁、二必须、三定、四不准"

(1)一禁。不懂电器和机械的人员严禁使用和摆弄机电设备。

(2)二必须。

①机电设备应完好,必须有可靠有效的安全防护装置。

②机电设备停电、停工休息时必须拉闸关机,按要求上锁。

(3)三定。

①机电设备应做到定人操作,定人保养、检查。

②机电设备应做到定机管理、定期保养。

③机电设备应做到定岗位和岗位职责。

(4)四不准。

①机电设备不准带病运转。

②机电设备不准超负荷运转。

③机电设备不准在运转时维修保养。

④机电设备运行时,操作人员不准将头、手、身伸入运转的机械行程范围内。

10. "防止车辆伤害"的十项安全要求

(1)未经劳动、公安交通部门培训合格的持证人员,不熟悉车辆性能者不得驾驶车辆。

(2)应坚持做好例保工作,车辆制动器、喇叭、转向系统、灯光等影响安全的部件如作用不良,不准出车。

(3)严禁翻斗车、自卸车的车厢乘人,严禁人货混装,车辆载货应不超载、超高、超宽,捆扎应牢固可靠,应防止车内物体失稳跌落伤人。

(4)乘坐车辆应坐在安全处,头、手、身不得露出车厢外,要避免车辆启动制动时跌倒。

(5)车辆进出施工现场,在场内掉头、倒车,在狭窄场地行驶时应有专人指挥。

(6)现场行车进场要减速,并做到"四慢",即道路情况不明要慢,线路不良要慢,起步、会车、停车要慢,在狭路、桥梁弯路、坡路、叉道、行人拥挤地点及出入大门时要慢。

(7)临近机动车道的作业区和脚手架等设施以及道路中的路障,应加设安全色标、安全标志和防护措施,并要确保夜间有充足的照明。

(8)装卸车作业时,若车辆停在坡道上,应在车轮两侧用楔形木块加以固定。

(9)人员在场内机动车道应避免右侧行走,并做到不平排结队有碍交通;避让车辆时,应不避让于两车交会之中,不站于旁有堆物无法退让的死角。

(10)机动车辆不得牵引无制动装置的车辆,牵引物体时物体上不得有人,人不得进入正在牵引的物与车之间,坡道上牵引时,车和被牵引物下方不得有人作业和停留。

11."防止触电伤害"的十项安全操作要求

根据安全用电"装得安全、拆得彻底、用得正确、修得及时"的基本要求,为防止触电伤害的操作要求有:

(1)非电工严禁拆接电气线路、插头、插座、电气设备、电灯等。

(2)使用电气设备前必须检查线路、插头、插座、漏电保护装置是否完好。

(3)电气线路或机具发生故障时,应找电工处理,非电工不得自行修理或排除故障。

(4)使用振捣器等手持电动机械和其他电动机械从事湿作业时,要由电工接好电源,安装上漏电保护器,操作者必须穿戴好绝缘鞋、绝缘手套后再进行作业。

(5)搬迁或移动电气设备必须先切断电源。

(6)搬运钢筋、钢管及其他金属物时,严禁触碰到电线。

(7)禁止在电线上挂晒物料。

(8)禁止使用照明器烘烤、取暖,禁止擅自使用电炉和其他电加热器。

(9)在架空输电线路附近工作时,应停止输电,不能停电时,应有隔离措施,要保持安全距离,防止触碰。

(10)电线必须架空,不得在地面、施工楼面随意乱拖,若必须通过地面、楼面时,应有过路保护,物料、车、人不准压踏碾磨电线。

12. 施工现场防火安全规定

(1)施工现场要有明显的防火宣传标志。

(2)施工现场必须设置临时消防车道。其宽度不得小于3.5m,并保证临时消防车道的畅通,禁止在临时消防车道上堆物、堆料或挤占临时消防车道。

(3)施工现场必须配备消防器材,做到布局合理。要害部位应配备不少于4具的灭火器,要有明显的防火标志,并经常检查、维护、保养,保证灭火器材灵敏有效。

(4)施工现场消火栓应布局合理,消防干管直径不小于100mm,消火栓处昼夜要设有明显标志,配备足够的水龙带,周围3m内不准存放物品。地下消火栓必须符合防火规范。

(5)高度超过24m的建筑工程,应安装临时消防竖管。管径不得小于75mm,每层设消火栓口,配备足够的水龙带。消防水要保证足够的水源和水压,严禁消防竖管作为施工用水管线。消防泵房应使用非燃材料建造,位置设置合理,便于操作,并设专人管理,保证消防供水。消防泵的专用配电线路应引自施工现场总断路器的上端,要保证连续不间断供电。

(6)电焊工、气焊工从事电气设备安装的电焊、气焊切割作业,要有操作证和用火证。用火前,要对易燃、可燃物采取清除、隔离等措施,配备看火人员和灭火器具,作业后必须确认无火源隐患后方可离去。用火证当日有效。用火地点变换,要重新办理用火证手续。

(7)氧气瓶、乙炔瓶工作间距不小于 5m,两瓶与明火作业距离不小于 10m。建筑工程内禁止氧气瓶、乙炔瓶存放,禁止使用液化石油气"钢瓶"。

(8)施工现场使用的电气设备必须符合防火要求。临时用电必须安装过载保护装置,电闸箱内不准使用易燃、可燃材料。严禁超负荷使用电气设备。

(9)施工材料的存放、使用应符合防火要求。库房应采用非燃材料支搭,易燃易爆物品应专库储存,分类单独存放,保持通风,用电符合防火规定。不准在工程内、库房内调配油漆、烯料。

(10)工程内部不准作为仓库使用,不准存放易燃、可燃材料,因施工需要进入工程内部的可燃材料,要根据工程计划限量进入并采取可靠的防火措施。废弃材料应及时消除。

(11)施工现场使用的安全网、密式安全网、密目式防尘网、保温材料,必须符合消防安全规定,不得使用易燃、可燃材料。

(12)施工现场严禁吸烟,不得在建筑工程内部设置宿舍。

(13)施工现场和生活区,未经有关部门批准不得使用电热器具。严禁工程中明火保温施工及宿舍内明火取暖。

(14)从事油漆粉刷或防水等有毒及易燃危险作业时,要有具体的防火要求,必要时派专人看护。

(15)生活区的设置必须符合消防管理规定。严禁使用可燃材料搭设,宿舍内不得卧床吸烟,房间内住 20 人以上必须设置不少于 2 处的安全门,居住 100 人以上,要有消防安全通道及人员疏散预案。

(16)生活区的用电要符合防火规定。食堂使用的燃料必须符合使用规定,用火点和燃料不能在同一房间内,使用时要有专人管理,停火时将总开关关闭,经常检查有无泄漏。

三、高处作业安全知识

1. 高处作业的一般施工安全规定和技术措施

按照《高处作业分级》(GB/T 3608—2008)规定:凡在坠落高度基准面 2m 以上(含 2m)的可能坠落的高处所进行的作业,都称为高处作业。

在施工现场高处作业中,如果未防护、防护不好或作业不当都可能发生人或物的坠落。人从高处坠落的事故,称为高处坠落事故。物体从高处坠落砸着下面人的事故,称为物体打击事故。建筑施工中的高处作业主要包括临边、洞口、攀登、悬空、交叉作业等类型,这些是高处作业伤亡事故可能发生的主要地点。

高处作业时的安全措施有设置防护栏杆,孔洞加盖,安装安全防护门,满挂安全平立网,必要时设置安全防护棚等。

(1)施工前,应逐级进行安全技术教育及交底,落实所有安全技术措施和个人防护用品,未经落实时不得进行施工。

(2)高处作业中的安全标志、工具、仪表、电气设施和各种设备,必须在施工前加以检查,确认其完好,方能投入使用。

（3）悬空、攀登高处作业以及搭设高处安全设施的人员必须按照国家有关规定，经过专门的安全作业培训，并取得特种作业操作资格证书后，方可上岗作业。

（4）从事高处作业的人员必须定期进行身体检查，诊断患有心脏病、贫血、高血压、癫痫病、恐高症及其他不适宜高处作业的疾病时，不得从事高处作业。

（5）高处作业人员应头戴安全帽，身穿紧口工作服，脚穿防滑鞋，腰系安全带。

（6）高处作业场所有坠落可能的物体，应一律先行撤除或予以固定。所用物件均应堆放平稳，不妨碍通行和装卸。工具应随手放入工具袋，拆卸下的物件及余料和废料均应及时清理运走，清理时应采用传递或系绳提溜方式，禁止抛掷。

（7）遇有六级以上强风、浓雾和大雨等恶劣天气，不得进行露天悬空与攀登高处作业。台风暴雨后，应对高处作业安全设施逐一检查，发现有松动、变形、损坏或脱落、漏雨、漏电等现象，应立即修理完善或重新设置。

（8）所有安全防护设施和安全标志等，任何人都不得损坏或擅自移动和拆除。因作业必须临时拆除或变动安全防护设施、安全标志时，必须经有关施工负责人同意，并采取相应的可靠措施，作业完毕后立即恢复。

（9）施工中对高处作业的安全技术设施发现有缺陷和隐患时，必须立即报告，及时解决。危及人身安全时，必须立即停止作业。

2. 高处作业的基本安全技术措施

（1）凡是临边作业，都要在临边处设置防护栏杆，一般上杆离地面高度为 $1.0\sim1.2m$，下杆离地面高度为 $0.5\sim0.6m$；防护栏杆必须自上而下用安全网封闭，或在栏杆下边设置严密固定的高度不低于 18cm 的挡脚板或 40cm 的挡脚竹笆。

（2）对于洞口作业，可根据具体情况采取设防护栏杆、加盖板、张挂安全网与装栅门等措施。

（3）进行攀登作业时，作业人员要从规定的通道上下，不能在阳台之间等非规定通道进行攀登，也不得任意利用吊车车臂架等施工设备进行攀登。

（4）进行悬空作业时，要设有牢靠的作业立足处，并视具体情况设防护栏杆，搭设架手架、操作平台，使用马凳，张挂安全网或其他安全措施；作业所用索具、脚手板、吊篮、吊笼、平台等设备，均需经技术鉴定方能使用。

（5）进行交叉作业时，注意不得在上下同一垂直方向上操作，下层作业的位置必须处于依上层高度确定的可能坠落范围之外。不符合以上条件时，必须设置安全防护层。

（6）结构施工自二层起，凡人员进出的通道口（包括井架、施工电梯的进出口），均应搭设安全防护棚。高度超过 24m 时，防护棚应设双层。

（7）建筑施工进行高处作业之前，应进行安全防护设施的检查和验收。验收合格后，方可进行高处作业。

3. 高处作业安全防护用品使用常识

由于建筑行业的特殊性，高处作业中发生高处坠落、物体打击事故的比例最大。要避免伤亡事故，作业人员必须正确佩戴安全帽，调好帽箍，系好帽带；正确使用安全带，高挂低用；按规定架设安全网。

（1）安全帽。对人体头部受外力伤害（如物体打击）起防护作用的帽子。使用时要注意：

①选用经有关部门检验合格，其上有"安鉴"标志的安全帽。

②使用安全帽前先检查外壳是否破损,有无合格帽衬,帽带是否齐全,如果不符合要求则立即更换。

③调整好帽箍、帽衬(4～5cm),系好帽带。

(2)安全带。高处作业人员预防坠落伤亡的防护用品。使用时要注意:

①选用经有关部门检验合格的安全带,并保证在使用有效期内。

②安全带严禁打结、续接。

③使用中,要可靠地挂在牢固的地方,高挂低用,且要防止摆动,避免明火和刺割。

④2m 以上的悬空作业,必须使用安全带。

⑤在无法直接挂设安全带的地方,应设置挂安全带的安全拉绳、安全栏杆等。

(3)安全网。用来防止人、物坠落或用来避免、减轻坠落及物体打击伤害的网具。使用时要注意:

①要选用有合格证的安全网;在使用时,必须按规定到有关部门检测、检验合格,方可使用。

②安全网若有破损、老化,应及时更换。

③安全网与架体连接不宜绷得太紧,系结点要沿边分布均匀、绑牢。

④立网不得作为平网使用。

⑤立网必须选用密目式安全网。

四、脚手架作业安全技术常识

1. 脚手架的作用及常用架型

脚手架的搭设、拆除作业属悬空、攀登高处作业,其作业人员必须按照国家有关规定经过专门的安全作业培训,并取得特种作业操作资格证书后,方可上岗作业。其他无资格证书的作业人员只能做一些辅助工作,严禁悬空、登高作业。

脚手架的主要作用是在高处作业时供堆料、短距离水平运输及作业人员在上面进行施工作业。高处作业的五种基本类型的安全隐患在脚手架上作业中都会发生。

脚手架应满足以下基本要求:

(1)要有足够的牢固性和稳定性,保证施工期间在所规定的荷载和气候条件下,不产生变形、倾斜和摇晃。

(2)要有足够的使用面积,满足堆料、运输、操作和行走的要求。

(3)构造要简单,搭设、拆除和搬运要方便。

常用脚手架有扣件式钢管脚手架、门型钢管脚手架、碗扣式钢管架等。此外还有附着升降脚手架、吊篮式脚手架、挂式脚手架等。

2. 脚手架作业一般安全技术常识

(1)每项脚手架工程都要有经批准的施工方案并严格按照此方案搭设和拆除,作业前必须组织全体作业人员熟悉施工和作业要求,进行安全技术交底。班组长要带领作业人员对施工作业环境及所需工具、安全防护设施等进行检查,消除隐患后方可作业。

(2)脚手架要结合工程进度搭设,结构施工时脚手架要始终高出作业面一步架,但不宜一次搭得过高。未完成的脚手架,作业人员离开作业岗位(休息或下班)时,不得留有未固定的构件,并应保证架子稳定。

脚手架要经验收签字后方可使用。分段搭设时应分段验收。在使用过程中要定期检查,较长时间停用、台风或暴雨过后使用前要进行检查加固。

(3)落地式脚手架基础必须坚实,若是回填土,必须平整夯实,并做好排水措施,以防止地基沉陷引起架子沉降、变形、倒塌。当基础不能满足要求时,可采取挑、吊、撑等技术措施,将荷载分段卸到建筑物上。

(4)设计搭设高度较小(15m 以下)时,可采用抛撑;当设计高度较大时,采用既抗拉又抗压的连墙点(根据规范用柔性或刚性连墙点)。

(5)施工作业层的脚手板要满铺、牢固,离墙间隙不大于15cm,并不得出现探头板;在架子外侧四周设 1.2m 高的防护栏杆及 18cm 的挡脚板,且在作业层下装设安全平网;架体外排立杆内侧挂设密目式安全立网。

(6)脚手架出入口须设置规范的通道口防护棚;外侧临街或高层建筑脚手架,其外侧应设置双层安全防护棚。

(7)架子使用中,通常架上的均布荷载,不应超过规范规定。人员、材料不要太集中。

(8)在防雷保护范围之外,应按规定安装防雷保护装置。

(9)脚手架拆除时,应设警戒区和醒目标志,有专人负责警戒;架体上的材料、杂物等应消除干净;架体若有松动或危险的部位,应予以先行加固,再进行拆除。

(10)拆除顺序应遵循"自上而下,后装的构件先拆,先装的后拆,一步一清"的原则,依次进行。不得上下同时拆除作业,严禁用踏步式、分段、分立面拆除法。

(11)拆下来的杆件、脚手板、安全网等应用运输设备运至地面,严禁从高处向下抛掷。

五、施工现场临时用电安全知识

1. 现场临时用电安全基本原则

(1)建筑施工现场的电工、电焊工属于特种作业工种,必须按国家有关规定经专门安全作业培训,取得特种作业操作资格证书,方可上岗作业。其他人员不得从事电气设备及电气线路的安装、维修和拆除。

(2)建筑施工现场必须采用 TN-S 接零保护系统,即具有专用保护零线(PE 线)、电源中性点直接接地的 220/380V 三相五线制系统。

(3)建筑施工现场必须按"三级配电二级保护"设置。

(4)施工现场的用电设备必须实行"一机、一闸、一漏、一箱"制,即每台用电设备必须有自己专用的开关箱,专用开关箱内必须设置独立的隔离开关和漏电保护器。

(5)严禁在高压线下方搭设临建、堆放材料和进行施工作业;在高压线一侧作业时,必须保持至少 6m 的水平距离,达不到上述距离时,必须采取隔离防护措施。

(6)在宿舍工棚、仓库、办公室内,严禁使用电饭煲、电水壶、电炉、电热杯等较大功率电器。如需使用,应由项目部安排专业电工在指定地点安装,可使用较高功率电器的电气线路和控制器。严禁使用不符合安全要求的电炉、电热棒等。

(7)严禁在宿舍内乱拉、乱接电源,非专职电工不准乱接或更换熔丝,不准以其他金属丝代替熔丝(保险丝)。

(8)严禁在电线上晾衣服和挂其他东西等。

(9)搬运较长的金属物体,如钢筋、钢管等材料时,应注意不要碰触到电线。

　　(10)在临近输电线路的建筑物上作业时,不能随便往下扔金属类杂物;更不能触摸、拉动电线或与电线接触的钢丝和电杆的拉线。

　　(11)移动金属梯子和操作平台时,要观察高处输电线路与移动物体的距离,确认有足够的安全距离,再进行作业。

　　(12)在地面或楼面上运送材料时,不要踏在电线上;停放手推车,堆放钢模板、跳板、钢筋时,不要压在电线上。

　　(13)移动有电源线的机械设备,如电焊机、水泵、小型木工机械等,必须先切断电源,不能带电搬动。

　　(14)当发现电线坠地或设备漏电时,切不可随意跑动和触摸金属物体,并应保持 10m 以上距离。

2. 安全电压

　　安全电压是为防止触电事故而采用的 50V 以下特定电源供电的电压系列,分为 42V、36V、24V、12V 和 6V 五个等级,根据不同的作业条件,选用不同的安全电压等级。建筑施工现场常用的安全电压有 12V、24V、36V。

　　以下特殊场所必须采用安全电压照明供电:

　　(1)室内灯具离地面低于 2.4m,手持照明灯具、一般潮湿作业场所(地下室、潮湿室内、潮湿楼梯、隧道、人防工程以及有高温、导电灰尘等)的照明,电源电压应不大于 36V。

　　(2)潮湿和易触及带电体场所的照明电源电压,应不大于 24V。

　　(3)在特别潮湿的场所、锅炉或金属容器内、导电良好的地面使用手持照明灯具等,照明电源电压不得大于 12V。

3.电线的相色

(1)正确识别电线的相色。

电源线路可分为工作相线(火线)、专用工作零线和专用保护零线。一般情况下,工作相线(火线)带电危险,专用工作零线和专用保护零线不带电(但在不正常情况下,工作零线也可以带电)。

(2)相色规定。

一般相线(火线)分为 A、B、C 三相,分别为黄色、绿色、红色;工作零线为黑色;专用保护零线为黄绿双色线。

严禁用黄绿双色、黑色、蓝色线充当相线,也严禁用黄色、绿色、红色线作为工作零线和保护零线。

4.插座的使用

要正确使用与安装插座。

(1)插座分类。

常用的插座分为单相双孔、单相三孔和三相三孔、三相四孔等。

(2)选用与安装接线。

①三孔插座应选用"品字形"结构,不应选用等边三角形排列的结构,因为后者容易发生三孔互换,造成触电事故。

②插座在电箱中安装时,必须首先固定安装在安装板上,接地极与箱体一起作可靠的 PE 保护。

③三孔或四孔插座的接地孔(较粗的一个孔),必须置于顶部位置,不可倒置,两孔插座应水平并列安装,不准垂直并列安装。

④插座接线要求:对于两孔插座,左孔接零线,右孔接相线;

对于三孔插座,左孔接零线,右孔接相线,上孔接保护零线;对于四孔插座,上孔接保护零线,其他三孔分别接 A、B、C 三根相线。

5."用电示警"标志

正确识别"用电示警"标志或标牌,不得随意靠近、随意损坏和挪动标牌(表 3-1)。进入施工现场的每个人都必须认真遵守用电管理规定,见到用电示警标志或标牌时,不得随意靠近,更不准随意损坏、挪动标牌。

表 3-1　　　　　　　　　用电示警标志分类和使用

分类　　　　使用	颜色	使用场所
常用电力标志	红色	配电房、发电机房、变压器等重要场所
高压示警标志	字体为黑色,箭头和边框为红色	需高压示警场所
配电房示警标志	字体为红色,边框为黑色(或字与边框交换颜色)	配电房或发电机房
维护检修示警标志	底为红色,字为白色(或字为红色,底为白色,边框为黑色)	维护检修时相关场所
其他用电示警标志	箭头为红色,边框为黑色,字为红色或黑色	其他一般用电场所

6.电气线路的安全技术措施

(1)施工现场电气线路全部采用"三相五线制"(TN-S 系统)专用保护接零(PE 线)系统供电。

(2)施工现场架空线采用绝缘铜线。

（3）架空线设在专用电杆上，严禁架设在树木、脚手架上。

（4）导线与地面保持足够的安全距离。

导线与地面最小垂直距离：施工现场应不小于 4m；机动车道应不小于 6m；铁路轨道应不小于 7.5m。

（5）无法保证规定的电气安全距离时，必须采取防护措施。

如果由于在建工程位置限制而无法保证规定的电气安全距离，必须采取设置防护性遮拦、栅栏，悬挂警告标志牌等防护措施，发生高压线断线落地时，非检修人员要远离落地处 10m 以外，以防跨步电压危害。

（6）为了防止设备外壳带电发生触电事故，设备应采用保护接零，并安装漏电保护器等措施。作业人员要经常检查保护零线连接是否牢固可靠，漏电保护器是否有效。

（7）在电箱等用电危险地方，挂设安全警示牌。如"有电危险""禁止合闸，有人工作"等。

7. 照明用电的安全技术措施

施工现场临时照明用电的安全要求如下：

（1）临时照明线路必须使用绝缘导线。户内（工棚）临时线路的导线必须安装在离地 2m 以上的支架上；户外临时线路必须安装在离地 2.5m 以上的支架上，零星照明线不允许使用花线，一般应使用软电缆线。

（2）建设工程的照明灯具宜采用拉线开关。拉线开关距地面高度为 2～3m，与出口、入口的水平距离为 0.15～0.2m。

（3）严禁在床头设立开关和插座。

（4）电器、灯具的相线必须经过开关控制。

不得将相线直接引入灯具，也不允许以电气插头代替开关来分合电路，室外灯具距地面不得低于 3m；室内灯具不得低于

2.4m。

(5)使用手持照明灯具(行灯)应符合一定的要求:

①电源电压不超过 36V。

②灯体与手柄应坚固,绝缘良好,并耐热防潮湿。

③灯头与灯体结合牢固。

④灯泡外部要有金属保护网。

⑤金属网、反光罩、悬吊挂钩应固定在灯具的绝缘部位上。

(6)照明系统中每一单相回路上,灯具和插座数量不宜超过 25 个,并应装设熔断电流为 15A 以下的熔断保护器。

8. 配电箱与开关箱的安全技术措施

施工现场临时用电一般采用三级配电方式,即总配电箱(或配电室),下设分配电箱,再以下设开关箱,开关箱以下就是用电设备。

配电箱和开关箱的使用安全要求如下:

(1)配电箱、开关箱的箱体材料,一般应选用钢板,亦可选用绝缘板,但不宜选用木质材料。

(2)配电箱、开关箱应安装端正、牢固,不得倒置、歪斜。

固定式配电箱、开关箱的下底与地面垂直距离应大于或等于 1.3m 且小于或等于 1.5m;移动式配电箱、开关箱的下底与地面的垂直距离应大于或等于 0.6m 且小于或等于 1.5m。

(3)进入开关箱的电源线,严禁用插销连接。

(4)电箱之间的距离不宜太远。

配电箱与开关箱的距离不得超过 30m。开关箱与固定式用电设备的水平距离不宜超过 3m。

(5)每台用电设备应有各自专用的开关箱,且必须满足"一机、一闸、一漏、一箱"的要求,严禁用同一个开关电器直接控制两台及两台以上用电设备(含插座)。

开关箱中必须设漏电保护器,其额定漏电动作电流应不大于 30mA,漏电动作时间应不大于 0.1s。

(6)所有配电箱门应配锁,不得在配电箱和开关箱内挂接或插接其他临时用电设备,开关箱内严禁放置杂物。

(7)配电箱、开关箱的接线应由电工操作,非电工人员不得乱接。

9. 配电箱和开关箱的使用要求

(1)在停电、送电时,配电箱、开关箱之间应遵守合理的操作顺序。

送电操作顺序:总配电箱→分配电箱→开关箱。

断电操作顺序:开关箱→分配电箱→总配电箱。

正常情况下,停电时首先分断自动开关,然后分断隔离开关;送电时先合隔离开关,后合自动开关。

(2)使用配电箱、开关箱时,操作者应接受岗前培训,熟悉所使用设备的电气性能和掌握有关开关的正确操作方法。

(3)及时检查、维修,更换熔断器的熔丝必须用原规格的熔丝,严禁用铜线、铁线代替。

(4)配电箱的工作环境应经常保持设置时的要求,不得在其周围堆放任何杂物,保持必要的操作空间和通道。

(5)维修机器停电作业时,要与电源负责人联系停电,要悬挂警示标志,卸下保险丝,锁上开关箱。

10. 手持电动机具的安全使用要求

(1)一般场所应选用Ⅰ类手持式电动工具,并应装设额定漏电动作电流不大于 15mA、额定漏电动作时间小于 0.1s 的漏电保护器。

(2)在露天、潮湿场所或金属构架上操作时,必须选用Ⅱ类手持式电动工具,并装设漏电保护器,严禁使用Ⅰ类手持式电动工具。

(3)负荷线必须采用耐用的橡皮护套铜芯软电缆。

单相用三芯(其中一芯为保护零线)电缆;三相用四芯(其中一芯为保护零线)电缆;电缆不得有破损或老化现象,中间不得有接头。

(4)手持电动工具应配备装有专用的电源开关和漏电保护器的开关箱,严禁一台开关接两台以上设备,其电源开关应采用双刀控制。

(5)手持电动工具开关箱内应采用插座连接,其插头、插座应无损坏、无裂纹,且绝缘良好。

(6)使用手持电动工具前,必须检查外壳、手柄、负荷线、插头等是否完好无损,接线是否正确(防止相线与零线错接);发现工具外壳、手柄破裂,应立即停止使用并进行更换。

(7)非专职人员不得擅自拆卸和修理工具。

(8)作业人员使用手持电动工具时,应穿绝缘鞋,戴绝缘手套,操作时握其手柄,不得利用电缆提拉。

(9)长期搁置不用或受潮的工具在使用前应由电工测量绝缘阻值是否符合要求。

11. 触电事故及原因分析

(1)缺乏电气安全知识,自我保护意识淡薄。

电气设施安装或接线不是由专业电工操作,而是由非专业人员安装。安装人又无基本的电气安全知识,装设不符合电气基本要求,造成意外的触电事故。发生这种触电事故的原因都是缺乏电气安全知识，无自我保护意识。

（2）违反安全操作规程。

施工现场中，有人图方便，不用插头，在电箱乱拉乱接电线。还有人在宿舍私自拉接电线照明，在床上接音响设备、电风扇，有的甚至烧水、做饭等，极易造成触电事故。也有人凭经验用手去试探电器是否带电或不采取安全措施带电作业，或带着侥幸心理，在带电体（如高压线）周围，不采取任何安全措施，违章作业，造成触电事故等。

（3）不使用"TN-S"接零保护系统。

有的工地未使用"TN-S"接零保护系统，或者未按要求连接专用保护接零线，无有效地安全保护系统。不按"三级配电二级保护""一机、一闸、一漏、一箱"设置，造成工地用电使用混乱，易造成误操作，并且在触电时，使得安全保护系统未起可靠的安全保护效果。

（4）电气设备安装不合格。

电气设备安装必须遵守安全技术规定，否则由于安装错误，当人身接触带电部分时，就会造成触电事故。如电线高度不符合安全要求，太低，架空线乱拉、乱扯，有的还将电线拴在脚手架上，导线的接头只用老化的绝缘布包上，以及电气设备没有做保护接地、保护接零等，一旦漏电就会发生严重触电事故。

（5）电气设备缺乏正常检修和维护。

由于电气设备长期使用，易出现电气绝缘老化、导线裸露、胶盖刀闸胶木破损、插座盖子损坏等。如不及时检修，一旦漏电，将造成严重后果。

（6）偶然因素。

电力线被风刮断，导线接触地面引起跨步电压，当人走近该地区时就会发生触电事故。

六、起重吊装机械安全操作常识

1.基本要求

塔式起重机、施工电梯、物料提升机等施工起重机械的操作（也称为司机）、指挥、司索等作业人员属特种作业，必须按国家有关规定经专门安全作业培训，取得特种作业操作资格证书，方可上岗作业。

施工起重机械（也称垂直运输设备）必须由有相应的制造（生产）许可证的企业生产，并有出厂合格证。其安装、拆除、加高及附墙施工作业，必须由有相应作业资格的队伍作业，作业人员必须按国家有关规定经专门安全作业培训，取得特种作业操作资格证书，方可上岗作业。其他非专业人员不得上岗作业。安装、拆卸、加高及附墙施工作业前，必须有经审批、审查的施工方案，并进行方案及安全技术交底。

2.塔式起重机使用安全常识

（1）起重机"十不吊"。

①起重臂和吊起的重物下面有人停留或行走不准吊。

②起重指挥应由技术培训合格的专职人员担任，无指挥或信号不清不准吊。

③钢筋、型钢、管材等细长和多根物件必须捆扎牢靠，多点起吊。单头"千斤"或捆扎不牢靠不准吊。

④多孔板、积灰斗、手推翻斗车不用四点吊或大模板外挂板不用卸甲不准吊。预制钢筋混凝土楼板不准双拼吊。

⑤吊砌块必须使用安全可靠的砌块夹具，吊砖必须使用砖笼，并堆放整齐。木砖、预埋件等零星物件要用盛器堆放稳妥，

叠放不齐不准吊。

⑥楼板、大梁等吊物上站人不准吊。

⑦埋入地下的板桩、井点管等以及粘连、附着的物件不准吊。

⑧多机作业,应保证所吊重物距离不小于 3m,在同一轨道上多机作业,无安全措施不准吊。

⑨六级以上强风不准吊。

⑩斜拉重物或超过机械允许荷载不准吊。

(2)塔式起重机吊运作业区域内严禁无关人员入内,起吊物下方不准站人。

(3)司机(操作)、指挥、司索等工种应按有关要求配备,其他人员不得作业。

(4)六级以上强风不准吊运物件。

(5)作业人员必须听从指挥人员的指挥,吊物起吊前作业人员应撤离。

(6)吊物的捆绑要求。

①吊运物件时,应清楚重量,吊运点及绑扎应牢固可靠。

②吊运散件物时,应用铁制合格料斗,料斗上应设有专用的牢固的吊装点;料斗内装物高度不得超过料斗上口边,散粒状的轻浮易撒物盛装高度应低于上口边线 10cm。

③吊运长条状物品(如钢筋、长条状木方等),所吊物件应在物品上选择两个均匀、平衡的吊点,绑扎牢固。

④吊运有棱角、锐边的物品时,钢丝绳绑扎处应做好防护措施。

◗ 3. 施工电梯使用安全常识

施工电梯也称外用电梯,也有称为(人、货两用)施工升降机,是施工现场垂直运输人员和材料的主要机械设备。

(1)施工电梯投入使用前,应在首层搭设出入口防护棚,防护棚应符合有关高处作业规范。

(2)电梯在大雨、大雾、六级以上大风以及导轨架、电缆等结冰时,必须停止使用,并将梯笼降到底层,切断电源。暴风雨后,应对电梯各安全装置进行一次检查,确认正常,方可使用。

(3)电梯底笼周围 2.5m 范围,应设置防护栏杆。

(4)电梯各出料口运输平台应平整牢固,还应安装牢固可靠的栏杆和安全门,使用时安全门应保持关闭。

(5)电梯使用应有明确的联络信号,禁止用敲打、呼叫等方式联络。

(6)乘坐电梯时,应先关好安全门,再关好梯笼门,方可启动电梯。

(7)梯笼内乘人或载物时,应使载荷均匀分布,不得偏重;严禁超载运行。

(8)等候电梯时,应站在建筑物内,不得聚集在通道平台上,也不得将头手伸出栏杆和安全门外。

(9)电梯每班首次载重运行时,当梯笼升离地面 $1\sim2m$ 时,应停机试验制动器的可靠性;当发现制动效果不良时,应调整或修复后方可投入使用。

(10)操作人员应根据指挥信号操作。作业前应鸣声示意。在电梯未切断总电源开关前,操作人员不得离开操作岗位。

(11)施工电梯发生故障的处理。

①当运行中发现异常情况时,应立即停机并采取有效措施,将梯笼降到底层,排除故障后方可继续运行。

②在运行中发现电梯失控时,应立即按下急停按钮;在未排除故障前,不得打开急停按钮。

③在运行中发现制动器失灵时,可将梯笼开至底层维修;或者让其下滑防坠安全器制动。

④在运行中发现故障时,不要惊慌,电梯的安全装置将提供可靠的保护;应听从专业人员的安排,或等待修复,或听从专业人员的指挥撤离。

(12)作业后,应将梯笼降到底层,各控制开关拨到零位,切断电源,锁好开关箱,闭锁梯笼门和围护门。

4.物料提升机使用安全常识

物料提升机有龙门架、井字架式的,也有的称为(货用)施工升降机,是施工现场物料垂直运输的主要机械设备。

(1)物料提升机用于运载物料,严禁载人上下;装卸料人员、维修人员必须在安全装置可靠或采取了可靠的措施后,方可进入吊笼内作业。

(2)物料提升机进料口必须加装安全防护门,并按高处作业规范搭设防护棚,并设安全通道,防止从棚外进入架体中。

(3)物料提升机在运行时,严禁对设备进行保养、维修,任何人不得攀登架体或从架体内穿过。

(4)运载物料的要求。

①运送散料时,应使用料斗装载,并放置平稳;使用手推斗车装置于吊笼时,必须将手推斗车平稳并制动放置,注意车把手及车不能伸出吊笼。

②运送长料时,物料不得超出吊笼;物料立放时,应捆绑牢固。

③物料装载时,应均匀分布,不得偏重,严禁超载运行。

(5)物料提升机的架体应有附墙或缆风绳,并应牢固可靠,符合说明书和规范的要求。

(6)物料提升机的架体外侧应用小网眼安全网封闭,防止物料在运行时坠落。

(7)禁止在物料提升机架体上进行焊接、切割或者钻孔等作业,防止损伤架体的任何构件。

(8)出料口平台应牢固可靠,并应安装防护栏杆和安全门。运行时安全门应保持关闭。

(9)吊笼上应有安全门,防止物料坠落;并且安全门应与安全停靠装置联锁。安全停靠装置应灵敏可靠。

(10)楼层安全防护门应有电气或机械锁装置,在安全门未可靠关闭时,禁止吊笼运行。

(11)作业人员等待吊笼时,应在建筑物内或者平台内距安全门 1m 以外处等待。严禁将头、手伸出栏杆或安全门。

(12)进出料口应安装明确的联络信号,高架提升机还应有可视系统。

5.起重吊装作业安全常识

起重吊装是指建筑工程中,采用相应的机械设备和设施来完成结构吊装和设施安装,属于危险作业,作业环境复杂,技术难度大。

(1)作业前应根据作业特点编制专项施工方案,并对参加作业人员进行方案和安全技术交底。

(2)作业时周边应设置警戒区域,设置醒目的警示标志,防止无关人员进入;特别危险处应设监护人员。

(3)起重吊装作业大多数作业点都必须由专业技术人员作业;属于特种作业的人员必须按国家有关规定经专门安全作业培训,取得特种作业操作资格证书,方可上岗作业。

(4)作业人员应根据现场作业条件选择安全的位置作业。

在卷扬机与地滑轮穿越钢丝绳的区域,禁止人员站立和通行。

(5)吊装过程必须设有专人指挥,其他人员必须服从指挥。起重指挥不能兼作其他工种,并应确保起重司机清晰准确地听到指挥信号。

(6)作业过程必须遵守起重机"十不吊"原则。

(7)被吊物的捆绑要求,按塔式起重机被吊物捆绑作业要求。

(8)构件存放场地应该平整坚实。构件叠放用方木垫平,必须稳固,不准超高(一般不宜超过1.6m)。构件存放除设置垫木外,必要时要设置相应的支撑,提高其稳定性。禁止无关人员在堆放的构件中穿行,防止发生构件倒塌挤人事故。

(9)在露天遇六级以上大风或大雨、大雪、大雾等天气时,应停止起重吊装作业。

(10)起重机作业时,起重臂和吊物下方严禁有人停留、工作或通过。重物吊运时,严禁人从上方通过。严禁用起重机载运人员。

(11)经常使用的起重工具注意事项。

①手动倒链:操作人员应经培训合格后方可上岗作业,吊物时应挂牢后慢慢拉动倒链,不得斜向拽拉。当一人拉不动时,应查明原因,禁止多人一齐猛拉。

②手搬葫芦:操作人员应经培训合格后方可上岗作业,使用前检查自锁夹钳装置的可靠性,当夹紧钢丝绳后,应能往复运动,否则禁止使用。

③千斤顶:操作人员应经培训合格后方可上岗作业,千斤顶置于平整坚实的地面上,并垫木板或钢板,防止地面沉陷。顶部与光滑物接触面应垫硬木,防止滑动。开始操作应逐渐顶升,注意防止顶歪,始终保持重物的平衡。

七、中小型施工机械安全操作常识

1.基本安全操作要求

施工机械的使用必须按"定人、定机"制度执行。操作人员必须经培训合格,方可上岗作业,其他人员不得擅自使用。机械使用前,必须对机械设备进行检查,各部位确认完好无损,并空载试运行,符合安全技术要求,方可使用。

施工现场机械设备必须按其控制的要求,配备符合规定的控制设备,严禁使用倒顺开关。在使用机械设备时,必须严格按照安全操作规程,严禁违章作业;发现有故障、有异常响动、温度异常升高时,都必须立即停机,经过专业人员维修,并检验合格后,方可重新投入使用。

操作人员应做到"调整、紧固、润滑、清洁、防腐"十字作业的要求,按有关要求对机械设备进行保养。操作人员在作业时,不得擅自离开工作岗位。下班时,应先将机械停止运行,然后断开电源,锁好电箱,方可离开。

2.混凝土(砂浆)搅拌机安全操作要求

(1)搅拌机的安装一定要平稳、牢固。长期固定使用时,应埋置地脚螺栓;短期使用时,应在机座上铺设木枕或撑架找平,牢固放置。

(2)料斗提升时,严禁在料斗下工作或穿行。清理料斗坑时,必须先切断电源,锁好电箱,并将料斗双保险钩挂牢或插上保险插销。

(3)运转时,严禁将头或手伸入料斗与机架之间查看,不得用工具或物件伸入搅拌筒内。

（4）运转中严禁保养维修。维修保养搅拌机，必须拉闸断电，锁好电箱，挂好"有人工作，严禁合闸"牌，并有专人监护。

3. 混凝土振动器安全操作要求

常用的混凝土振动器有插入式和平板式。

（1）振动器应安装漏电保护装置，保护接零应牢固可靠。作业时操作人员应穿戴绝缘胶鞋和绝缘手套。

（2）使用前，应检查各部位无损伤，并确认连接牢固，旋转方向正确。

（3）电缆线应满足操作所需的长度。严禁用电缆线拖拉或吊挂振动器。振动器不得在初凝的混凝土、地板、脚手架和干硬的地面上进行试振。在检修或作业间断时，应断开电源。

（4）作业时，振动棒软管的弯曲半径不得小于500mm，并不得多于两个弯，操作时应将振动棒垂直地沉入混凝土，不得用力硬插、斜推或让钢筋夹住棒头，也不得全部插入混凝土中，插入深度不应超过棒长的3/4，不宜触及钢筋、芯管及预埋件。

（5）作业停止需移动振动器时，应先关闭电动机，再切断电源。不得用软管拖拉电动机。

（6）平板式振动器工作时，应使平板与混凝土保持接触，待表面出浆，不再下沉后，即可缓慢移动；运转时，不得搁置在已凝或初凝的混凝土上。

（7）移动平板式振动器应使用干燥绝缘的拉绳，不得用脚踢电动机。

4. 钢筋切断机安全操作要求

（1）机械未达到正常转速时，不得切料。切料时，应使用切刀的中、下部位，紧握钢筋对准刃口迅速投入，操作者应站在固定刀片一侧用力压住钢筋,应防止钢筋末端弹出伤人。严禁用两手在刀片两边握住钢筋俯身送料。

(2)不得剪切直径及强度超过机械铭牌规定的钢筋和烧红的钢筋。一次切断多根钢筋时,其总截面积应在规定范围内。

(3)切断短料时,手和切刀之间的距离应保持在 150mm 以上,如手握端小于 400mm 时,应采用套管或夹具将钢筋短头压住或夹牢。

(4)运转中严禁用手直接清除切刀附近的断头和杂物。钢筋摆动周围和切刀周围,不得停留非操作人员。

5. 钢筋弯曲机安全操作要求

(1)应按加工钢筋的直径和弯曲半径的要求,装好相应规格的芯轴和成型轴、挡铁轴。芯轴直径应为钢筋直径的 2.5 倍。挡铁轴应有轴套,挡铁轴的直径和强度不得小于被弯钢筋的直径和强度。

(2)作业时,应将钢筋需弯曲一端插入转盘固定销的间隙内,另一端紧靠机身固定销,并用手压紧;应检查机身固定销并确认安放在挡住钢筋的一侧,方可开动。

(3)作业中,严禁更换轴芯、销子和变换角度以及调整,也不得进行清扫和加油。

(4)对超过机械铭牌规定直径的钢筋严禁进行弯曲。不直的钢筋不得在弯曲机上弯曲。

(5)在弯曲钢筋的作业半径内和机身不设固定销的一侧严禁站人。

(6)转盘换向时,应待停稳后进行。

(7)作业后,应及时清除转盘及插入座孔内的铁锈、杂物等。

6. 钢筋调直切断机安全操作要求

（1）应按调直钢筋的直径，选用适当的调直块及传动速度。调直块的孔径应比钢筋直径大 2～5mm，传动速度应根据钢筋直径选用，直径大的宜选用慢速，经调试合格，方可作业。

（2）在调直块未固定、防护罩未盖好前不得送料。作业中严禁打开各部防护罩并调整间隙。

（3）当钢筋送入后，手与轮应保持一定的距离，不得接近。

（4）送料前应将不直的钢筋端头切除。导向筒前应安装一根 1m 长的钢管，钢筋应穿过钢管再送入调直机前端的导孔内。

7. 钢筋冷拉安全操作要求

（1）卷扬机的位置应使操作人员能见到全部的冷拉场地，卷扬机与冷拉中线的距离不得少于 5m。

（2）冷拉场地应在两端地锚外侧设置警戒区，并应安装防护栏及醒目的警示标志。严禁非作业人员在此停留。操作人员在作业时必须离开钢筋 2m 以外。

（3）卷扬机操作人员必须看到指挥人员发出的信号，并待所有的人员离开危险区后方可作业。冷拉应缓慢、均匀。当有停车信号或有人进入危险区时，应立即停拉，并稍稍放松卷扬机钢丝绳。

（4）夜间作业的照明设施，应装设在张拉危险区外。当需要装设在场地上空时，其高度应超过 5m。灯泡应加防护罩。

8. 圆盘锯安全操作要求

（1）锯片必须平整，锯齿尖锐，不得连续缺齿 2 个，裂纹长度不得超过 20mm。

（2）被锯木料厚度,以锯片能露出木料 10～20mm 为限。

（3）启动后,必须等待转速正常后,方可进行锯料。

（4）关料时,不得将木料左右晃动或者高抬,遇木节要慢送料。锯料长度不小于 500mm。接近端头时,应用推棍送料。

（5）若锯线走偏,应逐渐纠正,不得猛扳。

（6）操作人员不应站在锯片同一直线上操作。手臂不得跨越锯片工作。

9. 蛙式夯实机安全操作要求

（1）夯实作业时,应一人扶夯,一人传递电缆线,且必须戴绝缘手套和穿绝缘鞋。电缆线不得扭结或缠绕,且不得张拉过紧,应保持有 3～4m 的余量。移动时,应将电缆线移至夯机后方,不得隔机扔电缆线,当转向困难时,应停机调整。

（2）作业时,手握扶手应保持机身平衡,不得用力向后压,并应随时调整行进方向。转弯时不宜用力过猛,不得急转弯。

（3）夯实填高土方时,应在边缘以内 100～150mm 夯实 2～3 遍后,再夯实边缘。

（4）在较大基坑作业时,不得在斜坡上夯行,应避免造成夯头后折。

（5）夯实房心土时,夯板应避开房心地下构筑物、钢筋混凝土基桩、机座及地下管道等。

（6）在建筑物内部作业时,夯板或偏心块不得打在墙壁上。

（7）多机作业时,机平列间距不得小于 5m,前后间距不得小于 10m。

（8）夯机前进方向和夯机四周 1m 范围内,不得站立非操作人员。

🎯 10.振动冲击夯安全操作要求

(1)内燃冲击夯启动后,内燃机应慢速运转 3～5min,然后逐渐加大油门,待夯机跳动稳定后,方可作业。

(2)电动冲击夯在接通电源启动后,应检查电动机旋转方向,有错误时应倒换相联系线。

(3)作业时应正确掌握夯机,不得倾斜,手把不宜握得过紧,能控制夯机前进速度即可。

(4)正常作业时,不得使劲往下压手把,以免影响夯机跳起高度。在较松的填料上作业或上坡时,可将手把稍向下压,增加夯机前进速度。

(5)电动冲击夯操作人员必须戴绝缘手套,穿绝缘鞋。作业时,电缆线不应拉得过紧,应经常检查线头安装,不得松动及引起漏电。严禁冒雨作业。

🎯 11.潜水泵安全操作要求

(1)潜水泵宜先装在坚固的篮筐里再放入水中,亦可在水中将泵的四周设立坚固的防护围网。泵应直立于水中,水深不得小于 0.5m,不得在含有泥沙的水中使用。

(2)潜水泵放入水中或提出水面时,应先切断电源,严禁拉拽电缆或出水管。

(3)潜水泵应装设保护接零和漏电保护装置,工作时泵周围 30m 以内水面,不得有人、畜进入。

(4)应经常观察水位变化,叶轮中心至水平距离应在 0.5～3.0m 之间,泵体不得陷入污泥或露出水面。电缆不得与井壁、池壁相擦。

(5)每周应测定一次电动机定子绕组的绝缘电阻,其值应无下降。

12.交流电焊机安全操作要求

(1)外壳必须有保护接零,应有二次空载降压保护器和触电保护器。

(2)电源应使用自动开关,接线板应无损坏,有防护罩。一次线长度不超过 5m,二次线长度不得超过 30m。

(3)焊接现场 10m 范围内,不得有易燃、易爆物品。

(4)雨天不得室外作业。在潮湿地点焊接时,要站在胶板或其他绝缘材料上。

(5)移动电焊机时,应切断电源,不得用拖拉电缆的方法移动。当焊接中突然停电时,应立即切断电源。

13.气焊设备安全操作要求

(1)氧气瓶与乙炔瓶使用时的间距不得小于 5m,存放时的间距不得小于 3m,并且距高温、明火等不得小于 10m;达不到上述要求时,应采取隔离措施。

(2)乙炔瓶存放和使用必须立放,严禁倒放。

(3)在移动气瓶时,应使用专门的抬架或小推车;严禁氧气瓶与乙炔瓶混合搬运;禁止直接使用钢丝绳、链条捆绑搬运。

(4)开关气瓶应使用专用工具。

(5)严禁敲击、碰撞气瓶,作业人员工作时不得吸烟。

第4部分 相关法律法规及务工常识

一、相关法律法规(摘录)

1. 中华人民共和国建筑法(摘录)

第三十六条 建筑工程安全生产管理必须坚持安全第一、预防为主的方针,建立健全安全生产的责任制度和群防群治制度。

第四十四条 建筑施工企业必须依法加强对建筑安全生产的管理,执行安全生产责任制度,采取有效措施,防止伤亡和其他安全生产事故的发生。

建筑施工企业的法定代表人对本企业的安全生产负责。

第四十六条 建筑施工企业应当建立健全劳动安全生产教育培训制度,加强对职工安全生产的教育培训;未经安全生产教育培训的人员,不得上岗作业。

第四十七条 建筑施工企业和作业人员在施工过程中,应当遵守有关安全生产的法律、法规和建筑行业安全规章、规程,不得违章指挥或者违章作业。作业人员有权对影响人身健康的作业程序和作业条件提出改进意见,有权获得安全生产所需的防护用品。作业人员对危及生命安全和人身健康的行为有权提出批评、检举和控告。

第四十八条 建筑施工企业应当依法为职工参加工伤保险,缴纳工伤保险费,鼓励企业为从事危险作业的职工办理意外伤害保险,支付保险费。

第五十一条　施工中发生事故时,建筑施工企业应当采取紧急措施减少人员伤亡和事故损失,并按照国家有关规定及时向有关部门报告。

2. 中华人民共和国劳动法(摘录)

第三条　劳动者享有平等就业和选择职业的权利、取得劳动报酬的权利、休息休假的权利、获得劳动安全卫生保护的权利、接受职业技能培训的权利、享受社会保险和福利的权利、提请劳动争议处理的权利以及法律规定的其他劳动权利。劳动者应当完成劳动任务,提高职业技能,执行劳动安全卫生规程,遵守劳动纪律和职业道德。

第十五条　禁止用人单位招用未满十六周岁的未成年人。

第十六条　劳动合同是劳动者与用人单位确立劳动关系、明确双方权利和义务的协议。

建立劳动关系应当订立劳动合同。

第五十四条　用人单位必须为劳动者提供符合国家规定的劳动安全卫生条件和必要的劳动防护用品,对从事有职业危害作业的劳动者应当定期进行健康检查。

第五十五条　从事特种作业的劳动者必须经过专门培训并取得特种作业资格。

第五十六条　劳动者在劳动过程中必须严格遵守安全操作规程。劳动者对用人单位管理人员违章指挥、强令冒险作业,有权拒绝执行;对危害生命安全和身体健康的行为,有权提出批评、检举和控告。

第五十八条　国家对女职工和未成年工实行特殊劳动保护。

未成年工是指年满十六周岁、未满十八周岁的劳动者。

第六十八条　用人单位应当建立职业培训制度，按照国家规定提取和使用职业培训经费，根据本单位实际，有计划地对劳动者进行职业培训。从事技术工种的劳动者，上岗前必须经过培训。

第七十二条　用人单位和劳动者必须依法参加社会保险，缴纳社会保险费。

第七十七条　用人单位与劳动者发生劳动争议，当事人可以依法申请调解、仲裁、提起诉讼，也可协商解决。调解原则适用于仲裁和诉讼程序。

3. 中华人民共和国安全生产法（摘录）

第六条　生产经营单位的从业人员有依法获得安全生产保障的权利，并应当依法履行安全生产方面的义务。

第十七条　生产经营单位应当具备本法和有关法律、行政法规和国家标准或者行业标准规定的安全生产条件；不具备安全生产条件的，不得从事生产经营活动。

第十八条　生产经营单位的主要负责人对本单位安全生产工作负有下列职责：

（一）建立、健全本单位安全生产责任制；

（二）组织制定本单位安全生产规章制度和操作规程；

（三）组织制定并实施本单位安全生产教育和培训计划；

（四）保证本单位安全生产投入的有效实施；

（五）督促、检查本单位的安全生产工作，及时消除生产安全事故隐患；

（六）组织制定并实施本单位的生产安全事故应急救援预案；

（七）及时、如实报告生产安全事故。

第二十五条 生产经营单位应当对从业人员进行安全生产教育和培训，保证从业人员具备必要的安全生产知识，熟悉有关的安全生产规章制度和安全操作规程，掌握本岗位的安全操作技能，了解事故应急处理措施，知悉自身在安全生产方面的权利和义务。未经安全生产教育和培训合格的从业人员，不得上岗作业。

第二十七条 生产经营单位的特种作业人员必须按照国家有关规定经专门的安全作业培训，取得相应资格，方可上岗作业。

特种作业人员的范围由国务院安全生产监督管理部门会同国务院有关部门确定。

第四十一条 生产经营单位应当教育和督促从业人员严格执行本单位的安全生产规章制度和安全操作规程；并向从业人员如实告知作业场所和工作岗位存在的危险因素、防范措施以及事故应急措施。

第四十二条 生产经营单位必须为从业人员提供符合国家标准或者行业标准的劳动防护用品，并监督、教育从业人员按照使用规则佩戴、使用。

第四十四条 生产经营单位应当安排用于配备劳动防护用品、进行安全生产培训的经费。

第四十八条 生产经营单位必须依法参加工伤保险，为从业人员缴纳保险费。

国家鼓励生产经营单位投保安全生产责任保险。

第四十九条 生产经营单位与从业人员订立的劳动合同，应当载明有关保障从业人员劳动安全、防止职业危害的事项，以及依法为从业人员办理工伤保险的事项。

生产经营单位不得以任何形式与从业人员订立协议,免除或者减轻其对从业人员因生产安全事故伤亡依法应承担的责任。

第五十条　生产经营单位的从业人员有权了解其作业场所和工作岗位存在的危险因素、防范措施及事故应急措施,有权对本单位的安全生产工作提出建议。

第五十一条　从业人员有权对本单位安全生产工作中存在的问题提出批评、检举、控告,有权拒绝违章指挥和强令冒险作业。

生产经营单位不得因从业人员对本单位安全生产工作提出批评、检举、控告或者拒绝违章指挥、强令冒险作业而降低其工资、福利等待遇,或者解除与其订立的劳动合同。

第五十二条　从业人员发现直接危及人身安全的紧急情况时,有权停止作业或者在采取可能的应急措施后撤离作业场所。

生产经营单位不得因从业人员在前款紧急情况下停止作业或者采取紧急撤离措施而降低其工资、福利等待遇或者解除与其订立的劳动合同。

第五十三条　因生产安全事故受到损害的从业人员,除依法享有工伤保险外,依照有关民事法律尚有获得赔偿的权利的,有权向本单位提出赔偿要求。

第五十四条　从业人员在作业过程中,应当严格遵守本单位的安全生产规章制度和操作规程,服从管理,正确佩戴和使用劳动防护用品。

第五十五条　从业人员应当接受安全生产教育和培训,掌握本职工作所需的安全生产知识,提高安全生产技能,增强事故预防和应急处理能力。

第五十六条　从业人员发现事故隐患或者其他不安全因

素,应当立即向现场安全生产管理人员或者本单位负责人报告;接到报告的人员应当及时予以处理。

4.建设工程安全生产管理条例(摘录)

第十八条 施工起重机械和整体提升脚手架、模板等自升式架设设施的使用达到国家规定的检验、检测期限的,必须经具有专业资质的检验、检测机构检测。经检测不合格的,不得继续使用。

第二十五条 垂直运输机械作业人员、安装拆卸工、爆破作业人员、起重信号工、登高架设作业人员等特种作业人员,必须按照国家有关规定经过专门的安全作业培训,并取得特种作业操作资格证书后,方可上岗作业。

第二十七条 建设工程施工前,施工单位负责项目管理的技术人员应当对有关安全施工的技术要求向施工作业班组、作业人员做出详细说明,并由双方签字确认。

第二十八条 施工单位应当在施工现场入口处、施工起重机械、临时用电设施、脚手架、出入通道口、楼梯口、电梯井口、孔洞口、桥梁口、隧道口、基坑边沿、爆破物及有害危险气体和液体存放处等危险部位,设置明显的安全警示标志。安全标志必须符合国家标准。

第二十九条 施工单位应当将施工现场的办公、生活区与作业区分开设置,并保持安全距离;办公、生活区的选择应当符合安全性要求。职工的膳食、饮水、休息场所等应当符合卫生标准。施工单位不得在尚未竣工的建筑物内设置员工集体宿舍。

施工现场临时搭建的建筑物应当符合安全使用要求。施工现场使用的装配式活动房屋应当具有产品合格证。

第三十二条 施工单位应当向作业人员提供安全防护用具

和安全防护服装,并书面告知危险岗位的操作规程和违章操作的危害。

作业人员有权对施工现场的作业条件、作业程序和作业方式中存在的安全问题提出批评、检举和控告,有权拒绝违章指挥和强令冒险作业。

在施工中发生危及人身安全的紧急情况时,作业人员有权立即停止作业或者在采取必要的应急措施后撤离危险区域。

第三十三条　作业人员应当遵守安全施工的强制性标准、规章制度和操作规程,正确使用安全防护用具、机械设备等。

第三十六条　施工单位应当对管理人员和作业人员每年至少进行一次安全生产教育培训,其教育培训情况记入个人工作档案。安全生产教育培训考核不合格的人员,不得上岗。

第三十七条　作业人员进入新的岗位或者新的施工现场前,应当接受安全生产教育培训。未经教育培训或者教育培训考核不合格的人员,不得上岗作业。

施工单位在采用新技术、新工艺、新设备、新材料时,应当对作业人员进行相应的安全生产教育培训。

第三十八条　施工单位应当为施工现场从事危险作业的人员办理意外伤害保险。

意外伤害保险费由施工单位支付。

◢ 5. 工伤保险条例(摘录)

第二条　中华人民共和国境内的企业、事业单位、社会团体、民办非企业单位、基金会、律师事务所、会计师事务所等组织和有雇工的个体工商户(以下称用人单位)应当依照本条例规定参加工伤保险,为本单位全部职工或者雇工(以下称职工)缴纳工伤保险费。

中华人民共和国境内的企业、事业单位、社会团体、民办非企业单位、基金会、律师事务所、会计师事务所等组织的职工和个体工商户的雇工,均有依照本条例的规定享受工伤保险待遇的权利。

第十条　用人单位应当按时缴纳工伤保险费。职工个人不缴纳工伤保险费。

第二十一条　职工发生工伤,经治疗伤情相对稳定后存在残疾、影响劳动能力的,应当进行劳动能力鉴定。

第三十条　职工因工作遭受事故伤害或者患职业病进行治疗,享受工伤医疗待遇……

二、务工就业及社会保险

1. 劳动合同

(1)用人单位应当依法与劳动者签订劳动合同。

劳动合同是劳动者与用人单位确立劳动关系、明确双方权利和义务的协议。建立劳动关系应当订立劳动合同。订立和变更劳动合同,应遵循平等自愿、协商一致的原则,不得违反法律、行政法规的规定。劳动合同应当具备以下必备条款:

①劳动合同期限。即劳动合同的有效时间。

②工作内容。即劳动者在劳动合同有效期内所从事的工作岗位(工种),以及工作应达到的数量、质量指标或者应当完成的任务。

③劳动保护和劳动条件。即为了保障劳动者在劳动过程中的安全、卫生及其他劳动条件,用人单位根据国家有关法律、法规而采取的各项保护措施。

④劳动报酬。即在劳动者提供了正常劳动的情况下,用人

单位应当支付的工资。

⑤劳动纪律。即劳动者在劳动过程中必须遵守的工作秩序和规则。

⑥劳动合同终止的条件。即除了期限以外其他由当事人约定的特定法律事实,这些事实一出现,双方当事人之间的权利义务关系终止。

⑦违反劳动合同的责任。即当事人不履行劳动合同或者不完全履行劳动合同,所应承担的相应法律责任。

(2)试用期应包括在劳动合同期限之中。

根据《中华人民共和国劳动法》(以下简称《劳动法》)规定,用人单位与劳动者签订的劳动合同期限可以分为三类:

①有固定期限,即在合同中明确约定效力期间,期限可长可短,长到几年、十几年,短到一年或者几个月。

②无固定期限,即劳动合同中只约定了起始日期,没有约定具体终止日期。无固定期限劳动合同可以依法约定终止劳动合同条件,在履行中只要不出现约定的终止条件或法律规定的解除条件,一般不能解除或终止,劳动关系可以一直存续到劳动者退休为止。

③以完成一定的工作为期限,即以完成某项工作或者某项工程为有效期限,该项工作或者工程一经完成,劳动合同即终止。

签订劳动合同可以不约定试用期,也可以约定试用期,但试用期最长不得超过 6 个月。劳动合同期限在 6 个月以下的,试用期不得超过 15 日;劳动合同期限在 6 个月以上 1 年以下的,试用期不得超过 30 日;劳动合同期限在 1 年以上 2 年以下的,试用期不得超过 60 日。试用期包括在劳动合同期限中。非全日制劳动合同,不得约定试用期。

（3）订立劳动合同时，用人单位不得向劳动者收取定金、保证金或扣留居民身份证。

根据劳动保障部《劳动力市场管理规定》，禁止用人单位招用人员时向求职者收取招聘费用、向被录用人员收取保证金或抵押金、扣押被录用人员的身份证等证件。用人单位违反规定的，由劳动保障行政部门责令改正，并可处以 1000 元以下罚款；对当事人造成损害的，应承担赔偿责任。

（4）劳动者不必履行无效的劳动合同。

①无效的劳动合同是指不具有法律效力的劳动合同。根据《劳动法》的规定，下列劳动合同无效：

a. 违反法律、行政法规的劳动合同。

b. 采取欺诈、威胁等手段订立的劳动合同。劳动合同的无效，由劳动争议仲裁委员会或者人民法院确认。无效的劳动合同，从订立的时候起，就没有法律约束力。也就是说，劳动者自始至终都无须履行无效劳动合同。确认劳动合同部分无效的，如果不影响其余部分的效力，其余部分仍然有效。

②由于用人单位的原因订立的无效合同，对劳动者造成损害的，应当承担赔偿责任。具体包括：

a. 造成劳动者工资收入损失的，按劳动者本人应得工资收入支付给劳动者，并加付应得工资收入 25％ 的赔偿费用。

b. 造成劳动者劳动保护待遇损失的，应按国家规定补足劳动者的劳动保护津贴和用品。

c. 造成劳动者工伤、医疗待遇损失的，除按国家规定为劳动者提供工伤、医疗待遇外，还应支付劳动者相当于医疗费用 25％ 的赔偿费用。

d. 造成女职工和未成年工身体健康损害的，除按国家规定提供治疗期间的医疗待遇外，还应支付相当于其医疗费用 25％

的赔偿费用。

e.劳动合同约定的其他赔偿费用。

(5)用人单位不得随意变更劳动合同。

劳动合同的变更,是指劳动关系双方当事人就已订立的劳动合同的部分条款达成修改、补充或者废止协定的法律行为。《劳动法》规定,变更劳动合同,应当遵循平等自愿、协商一致的原则,不得违反法律、行政法规的规定。经双方协商同意依法变更后的劳动合同继续有效,对双方当事人都有约束力。

(6)解除劳动合同应当符合《劳动法》的规定。

劳动合同的解除,是指劳动合同有效成立后至终止前这段时期内,当具备法律规定的劳动合同解除条件时,因用人单位或劳动者一方或双方提出,而提前解除双方的劳动关系。根据《劳动法》的规定,劳动者可以和用人单位协商解除劳动合同,也可以在符合法律规定的情况下单方解除劳动合同。

①劳动者单方解除。

a.《劳动法》第三十一条规定:劳动者解除劳动合同,应当提前三十日以书面形式通知用人单位。这是劳动者解除劳动合同的条件和程序。劳动者提前三十日以书面形式通知用人单位解除劳动合同,无须征得用人单位的同意,用人单位应及时办理有关解除劳动合同的手续。但由于劳动者违反劳动合同的有关约定而给用人单位造成经济损失的,应依据有关规定和劳动合同的约定,由劳动者承担赔偿责任。

b.《劳动法》第三十二条规定:有下列情形之一的,劳动者可以随时通知用人单位解除劳动合同:

(a)在试用期内的;

(b)用人单位以暴力、威胁或者非法限制人身自由的手段强迫劳动的;

(c)用人单位未按照劳动合同约定支付劳动报酬或者提供劳动条件的。

②用人单位单方解除。

a.《劳动法》第二十五条规定,劳动者有下列情形之一的,用人单位可以解除劳动合同:

(a)在试用期间被证明不符合录用条件的;

(b)严重违反劳动纪律或者用人单位规章制度的;

(c)严重失职、营私舞弊,对用人单位利益造成重大损害的;

(d)被依法追究刑事责任的。

b.《劳动法》第二十六条规定:有下列情形之一的,用人单位可以解除劳动合同,但是应当提前三十日以书面形式通知劳动者本人:

(a)劳动者患病或者非因工负伤,医疗期满后,既不能从事原工作也不能从事由用人单位另行安排的工作的;

(b)劳动者不能胜任工作,经过培训或者调整工作岗位,仍不能胜任工作的;

(c)劳动合同订立时所依据的客观情况发生重大变化,致使原劳动合同无法履行,经当事人协商不能就变更劳动合同达成协议的。

c.《劳动法》第二十七条规定:用人单位濒临破产进行法定整顿期间或者生产经营状况发生严重困难,确需裁减人员的,应当提前三十日向工会或者全体职工说明情况,听取工会或者职工的意见,经向劳动保障行政部门报告后,可以裁减人员。并且规定,用人单位自裁减人员之日起六个月内录用人员的,应当优先录用被裁减的人员。

(7)用人单位解除劳动合同应当依法向劳动者支付经济补偿金。

根据《劳动法》规定，在下列情况下，用人单位解除与劳动者的劳动合同，应当根据劳动者在本单位的工作年限，每满一年发给相当于一个月工资的经济补偿金：

①经劳动合同当事人协商一致，由用人单位解除劳动合同的。

②劳动者不能胜任工作，经过培训或者调整工作岗位仍不能胜任工作，由用人单位解除劳动合同的。

以上两种情况下支付经济补偿金，最多不超过 12 个月。

③劳动合同订立时所依据的客观情况发生了重大变化，致使原劳动合同无法履行，经当事人协商不能就变更劳动合同达成协议，由用人单位解除劳动合同的。

④用人单位濒临破产进行法定整顿期间或者生产经营状况发生严重困难，必须裁减人员，由用人单位解除劳动合同的。

⑤劳动者患病或者非因工负伤，经劳动鉴定委员会确认不能从事原工作，也不能从事用人单位另行安排的工作而解除劳动合同的；在这类情况下，同时应发给不低于 6 个月工资的医疗补助费。劳动者患重病或者绝症的还应增加医疗补助费，患重病的增加部分不低于医疗补助费的 50％，患绝症的增加部分不低于医疗补助费的 100％。

另外，用人单位解除劳动者劳动合同后，未按以上规定给予劳动者经济补偿的，除必须全额发给经济补偿金外，还须按欠发经济补偿金数额的 50％支付额外经济补偿金。

经济补偿金应当一次性发给。劳动者在本单位工作时间不满一年的按一年的标准计算。计算经济补偿金的工资标准是企业正常生产情况下，劳动者解除合同前 12 个月的月平均工资；在以上第③、④、⑤类情况下，给予经济补偿金的劳动者月平均工资低于企业月平均工资的，应按企业月平均工资支付。

(8)用人单位不得随意解除劳动合同。

《劳动法》及《违反〈劳动法〉有关劳动合同规定的赔偿办法》(劳部发[1995]223号)规定,用人单位不得随意解除劳动合同。用人单位违法解除劳动合同的,由劳动保障行政部门责令改正;对劳动者造成损害的,应当承担赔偿责任。具体赔偿标准是:

①造成劳动者工资收入损失的,按劳动者本人应得工资收入支付劳动者,并加付应得工资收入25%的赔偿费用。

②造成劳动者劳动保护待遇损失的,应按国家规定补足劳动者的劳动保护津贴和用品。

③造成劳动者工伤、医疗待遇损失的,除按国家规定为劳动者提供工伤、医疗待遇外,还应支付劳动者相当于医疗费用25%的赔偿费用。

④造成女职工和未成年工身体健康损害的,除按国家规定提供治疗期间的医疗待遇外,还应支付相当于其医疗费用25%的赔偿费用。

⑤劳动合同约定的其他赔偿费用。

2.工资

(1)用人单位应该按时足额支付工资。

《劳动法》中的"工资"是指用人单位依据国家有关规定或劳动合同的约定,以货币形式直接支付给本单位劳动者的劳动报酬,一般包括计时工资、计件工资、奖金、津贴和补贴、延长工作时间的工资报酬以及特殊情况下支付的工资等。

(2)用人单位不得克扣劳动者工资。

《劳动法》以及《违反〈中华人民共和国劳动法〉行政处罚办法》等规定,用人单位不得克扣劳动者工资。用人单位克扣劳动者工资的,由劳动保障行政部门责令支付劳动者的工资报酬,并加发相当于工资报酬 25％的经济补偿金。并可责令用人单位按相当于支付劳动者工资报酬、经济补偿总和的一至五倍支付劳动者赔偿金。

"克扣工资"是指用人单位无正当理由扣减劳动者应得工资（即在劳动者已提供正常劳动的前提下,用人单位按劳动合同规定的标准应当支付给劳动者的全部劳动报酬）。

（3）用人单位不得无故拖欠劳动者工资。

《劳动法》以及《违反〈中华人民共和国劳动法〉行政处罚办法》等规定,用人单位无故拖欠劳动者工资的,由劳动保障行政部门责令支付劳动者的工资报酬,并加发相当于工资报酬 25％的经济补偿金。并可责令用人单位按相当于支付劳动者工资报酬、经济补偿总和的一至五倍支付劳动者赔偿金。

"无故拖欠工资"是指用人单位无正当理由超过规定付薪时间未支付劳动者工资。

（4）农民工工资标准。

①在劳动者提供正常劳动的情况下,用人单位支付的工资不得低于当地最低工资标准。

根据《劳动法》、劳动保障部《最低工资规定》等规定,在劳动者提供正常劳动的情况下,用人单位应支付给劳动者的工资在剔除下列各项以后,不得低于当地最低工资标准:

a. 延长工作时间工资。

b. 中班、夜班、高温、低温、井下、有毒有害等特殊工作环境条件下的津贴。

c. 法律、法规和国家规定的劳动者福利待遇等。

实行计件工资或提成工资等工资形式的用人单位,在科学合理的劳动定额基础上,其支付劳动者的工资不得低于相应的最低工资标准。

用人单位违反以上规定的,由劳动保障行政部门责令其限期补发所欠劳动者工资,并可责令其按所欠工资的一至五倍支付劳动者赔偿金。

②在非全日制劳动者提供正常劳动的情况下,用人单位支付的小时工资不得低于当地小时工资最低标准。

劳动保障部《最低工资规定》《关于非全日制用工若干问题的意见》规定,非全日制用工是指以小时计酬、劳动者在同一用人单位平均每日工作时间不超过5h、累计每周工作时间不超过30h的用工形式。用人单位应当按时足额支付非全日制劳动者的工资,具体可以按小时、日、周或月为单位结算。在非全日制劳动者提供正常劳动的情况下,用人单位支付的小时工资不得低于当地小时工资最低标准。非全日制用工的小时工资最低标准由省、自治区、直辖市规定。

③用人单位安排劳动者加班加点应依法支付加班加点工资。

《劳动法》以及《违反〈中华人民共和国劳动法〉行政处罚办法》等规定,用人单位安排劳动者加班加点应依法支付加班加点工资。用人单位拒不支付加班加点工资的,由劳动保障行政部门责令支付劳动者的工资报酬,并加发相当于工资报酬25%的经济补偿金。并可责令用人单位按相当于支付劳动者工资报酬、经济补偿总和的一至五倍支付劳动者赔偿金。

劳动者日工资可统一按劳动者本人的月工资标准除以每月制度工作天数进行折算。职工全年月平均工作天数和工作时间分别为20.92天和167.4h,职工的日工资和小时工资按此进行折算。

3. 社会保险

(1)农民工有权参加基本医疗保险。

根据国家有关规定,各地要逐步将与用人单位形成劳动关系的农村进城务工人员纳入医疗保险范围。根据农村进城务工人员的特点和医疗需求,合理确定缴费率和保障方式,解决他们在务工期间的大病医疗保障问题,用人单位要按规定为其缴纳医疗保险费。对在城镇从事个体经营等灵活就业的农村进城务工人员,可以按照灵活就业人员参保的有关规定参加医疗保险。据此,在已经将农民工纳入医疗保险范围的地区,农民工有权参加医疗保险,用人单位和农民工本人应依法缴纳医疗保险费,农民工患病时,可以按照规定享受有关医疗保险待遇。

(2)农民工有权参加基本养老保险。

按照国务院《社会保险费征缴暂行条例》等有关规定,基本养老保险覆盖范围内的用人单位的所有职工,包括农民工,都应该参加养老保险,履行缴费义务。参加养老保险的农民合同制职工,在与企业终止或解除劳动关系后,由社会保险经办机构保留其养老保险关系,保管其个人账户并计息。凡重新就业的,应接续或转移养老保险关系;也可按照省级政府的规定,根据农民合同制职工本人申请,将其个人账户个人缴费部分一次性支付给本人,同时终止养老保险关系。农民合同制职工在男年满60周岁、女年满55周岁时,累计缴费年限满15年以上的,可按规定领取基本养老金;累计缴费年限不满15年的,其个人账户全部储存额一次性支付给本人。

(3)农民工有权参加失业保险。

根据《失业保险条例》规定,城镇企业事业单位招用的农民合同制工人应该参加失业保险,用人单位按规定为农民工缴纳社会保险费,农民合同制工人本人不缴纳失业保险费。单位招用的农民合同制工人连续工作满1年,本单位并已缴纳失业保险费,劳动合同期满未续订或者提前解除劳动合同的,由社会保险经办机构根据其工作时间长短,对其支付一次性生活补助。

补助的办法和标准由省、自治区、直辖市人民政府规定。

（4）用人单位应依法为农民工参加生育保险。

目前我国的生育保险制度还没有普遍建立，各地工作进展不平衡。从各地制定的规定看，有的地区没有将农民工纳入生育保险覆盖范围，有的地区则将农民工纳入了生育保险覆盖范围。如果农民工所在地区将农民工纳入了生育保险覆盖范围，农民工所在单位应按规定为农民工参加生育保险并缴纳生育保险费，符合规定条件的生育农民工依法享受生育保险待遇。

（5）劳动争议与调解处理。

劳动争议，也称劳动纠纷，就是指劳动关系当事人双方（用人单位和劳动者）之间因执行劳动法律、法规或者履行劳动合同以及其他劳动问题而发生劳动权利与义务方面的纠纷。

①劳动争议的范围。劳动争议的内容，是指劳动合同关系中当事人的权利与义务。所以，用人单位与劳动者之间发生的争议不都是劳动争议。只有在争议涉及劳动关系双方当事人在劳动关系中的权利和义务时，它才是劳动争议。劳动争议包括：因开除、除名、辞退职工和职工辞职、自动离职发生的争议；因执行国家有关工资、保险、福利、培训、劳动保护的规定发生的争议；因履行劳动合同发生的争议等。

②劳动争议处理机构。我国的劳动争议处理机构主要有：企业劳动争议调解委员会、各级政府劳动争议仲裁委员会和人民法院。根据《劳动法》等的规定：在用人单位内可以设劳动争议调解委员会，负责调解本单位的劳动争议；在县、市、市辖区应当设立劳动争议仲裁委员会；各级人民法院的民事审判庭负责劳动争议案件的审理工作。

③劳动争议的解决方法。根据我国有关法律、法规的规定，解决劳动争议的方法如下：

　　a. 协商。劳动争议发生后,双方当事人应当先进行协商,以达成解决方案。

　　b. 调解。就是企业调解委员会对本单位发生的劳动争议进行调解。从法律、法规的规定看,这并不是必经的程序。但它对于劳动争议的解决却起到很大作用。

　　c. 仲裁。劳动争议调解不成的,当事人可以向劳动争议仲裁委员会申请仲裁。当事人也可以直接向劳动争议仲裁委员会申请仲裁。当事人从知道或应当知道其权利被侵害之日起60日内,以书面形式向仲裁委员会申请仲裁。仲裁委员会应当自收到申请书之日起7日内做出受理或不予受理的决定。

　　d. 诉讼。当事人对仲裁裁决不服的,可以自收到仲裁裁决之日起15日内向人民法院起诉。人民法院民事审判庭受理和审理劳动争议案件。

　　④维护自身权益要注意法定时限。劳动者通过法律途径维护自身权益,一定要注意不能超过法律规定的时限。劳动者通过劳动争议仲裁、行政复议等法律途径维护自身合法权益,或者申请工伤认定、职业病诊断与鉴定等,一定要注意在法定的时限内提出申请。如果超过了法定时限,有关申请可能不会被受理,致使自身权益难以得到保护。主要的时限包括:

　　a. 申请劳动争议仲裁的,应当在劳动争议发生之日(即当事人知道或应当知道其权利被侵害之日)起60日内向劳动争议仲裁委员会申请仲裁。

　　b. 对劳动争议仲裁裁决不服、提起诉讼的,应当自收到仲裁裁决书之日起15日内,向人民法院提起诉讼。

　　c. 申请行政复议的,应当自知道该具体行政行为之日起60日内提出行政复议申请。

　　d. 对行政复议决定不服、提起行政诉讼的,应当自收到行政复议决定书之日起 15 日内,向人民法院提起行政诉讼。

e.直接向人民法院提起行政诉讼的,应当在知道做出具体行政行为之日起 3 个月内提出,法律另有规定的除外。因不可抗力或者其他特殊情况耽误法定期限的,在障碍消除后的 10 日内,可以申请延长期限,由人民法院决定。

f.申请工伤认定的,所在单位应当自事故伤害发生之日或者被诊断、鉴定为职业病之日起 30 日内,向统筹地区劳动保障行政部门提出工伤认定申请。遇有特殊情况,经报劳动保障行政部门同意,申请时限可以适当延长。用人单位未按前款规定提出工伤认定申请的,工伤职工或者其直系亲属、工会组织在事故伤害发生之日或者被诊断、鉴定为职业病之日起 1 年内,可以直接向用人单位所在地统筹地区劳动保障行政部门提出工伤认定申请。

三、工人健康卫生知识

1. 常见疾病的预防和治疗

(1)流行性感冒。

①流行性感冒的传播方式。流行性感冒简称流感,是由流感病毒引起的一种急性呼吸道传染病。流感的传染源主要是患者,病后 1~7 天均有传染性。流感主要通过呼吸道传播,传染性很强,常引起流行。一般常突然发生,迅速蔓延,患者数多。

提示:发生流行性感冒时应注意与病人保持一定距离,以免被传染。

②流行性感冒的症状。流感的症状与感冒类似,主要是发热及上呼吸道感染症状,如咽痛、鼻塞、流鼻涕、打喷嚏、咳嗽等。流感的全身症状重,而局部症状很轻。

③流行性感冒的预防。

a.最主要的是注射流感疫苗,疫苗应于流感流行前 1～2 个月注射。因流感冬季易发,故常于每年 10 月左右进行注射。

b.应当尽量避免接触病人,流行期间不到人多的地方去。

c.增强身体抵抗力最重要,生活规律、适当锻炼、合理营养、精神愉快非常关键。

d.避免过累、精神紧张、着凉、酗酒等。

(2)细菌性痢疾。

①细菌性痢疾的传播方式。细菌性痢疾(简称菌痢),是夏秋季节最常见的急性肠道传染病,由痢疾杆菌引起,以结肠化脓性炎症为主要病变。菌痢主要通过粪—口途径传播,即患者大便中的痢疾杆菌可以污染手、食物、水、蔬菜、水果等而进入口中引起感染。细菌性痢疾终年均有发生,但多流行于夏秋季节。人群对此病普遍易感,幼儿及青壮年发病率较高。

②细菌性痢疾的症状。细菌性痢疾病情可轻可重,轻者仅有轻度腹泻,重者可有发热、全身不适、乏力、恶心、呕吐、腹痛、腹泻。腹泻次数由一日数次至十数次不等,患者常有老想解大便可总也解不干净的感觉(里急后重),患者大便中常有黏液,重者有脓血。

③细菌性痢疾的预防。

a.做好痢疾患者的粪便、呕吐物的消毒处理,管理好水源,防止病菌污染水源、土壤及农作物;患者使用过的厕所、餐具等也应消毒。

b.不喝生水,不生吃水产品,蔬菜要洗净、炒熟再吃,水果应洗净削皮后食用。

c.养成饭前、便后洗手的习惯,不吃被苍蝇、蟑螂叮咬过或爬过的食物,积极做好灭苍蝇、灭蟑螂工作。

d.加强体育锻炼,增强体质。

重点:注意个人卫生,养成饭前、便后洗手的习惯。

(3)食物中毒。

①细菌性食物中毒的传播方式。细菌性食物中毒是由于进食被细菌或细菌毒素污染的食物而引起的急性感染中毒性疾病。细菌性食物中毒是典型的肠道传染病,发生原因主要有以下几个方面:

a.食物在宰杀或收割、运输、储存、销售等过程中受到病菌的污染。

b.被致病菌污染的食物在较高的温度下存放,食品中充足的水分、适宜的酸碱度及营养条件使致病菌大量繁殖或产生毒素。

c.食品在食用前未烧透或熟食受到生食交叉污染。

d.在缺氧环境中(如罐头等)肉毒杆菌产生毒素。

②细菌性食物中毒的症状。胃肠型细菌性食物中毒是食物中毒中最常见的一种,是由于食用了被细菌或细菌毒素污染的食物所引起的。绝大多数患者表现为胃肠炎的症状,如恶心、呕吐、腹痛、腹泻、排水样便等。腹泻一天数次到数十次不等,多数是稀水样便,个别人可有黏液血便、血水样便等,极少数患者可以发生败血症。

③细菌性食物中毒的预防。

a.防止食品污染。加强对污染源的管理,做好牲畜屠宰前后的卫生检验,防止感染;对海鲜类食品应加强管理,防止污染其他食品;要严防食品加工、贮存、运输、销售过程中被病原体污染;食品容器、刀具等应严格生熟分开使用,做好消毒工作,防止交叉污染;生产场所、厨房、食堂等要有防蝇、防鼠设备;严格遵守饮食行业和炊事人员的个人卫生制度;患化脓性病症和上呼吸道感染的患者,在治愈前不应参加接触食品的工作。

b.控制病原体繁殖及外毒素的形成。食品应低温保存或放在阴凉通风处,食品中加盐量达 10%也可有效控制细菌繁殖及毒素形成。

c.彻底加热杀灭细菌及破坏毒素。这是防止食物中毒的重要措施,要彻底杀灭肉中的病原体,肉块不应太大,加热时其内部温度可以达到 80℃,这样持续 12min 就可将细菌杀死。

d.凡是食品在加工和保存过程中有厌氧环境存在,均应防止肉毒杆菌的污染,过期罐头——特别是产气罐头(其盖鼓起)均勿食用。

(4)病毒性肝炎。

①病毒性肝炎的类型。病毒性肝炎是由多种肝炎病毒引起的,以肝脏损害为主的一组全身性传染病。按病原体分类,目前已确定的有甲型肝炎、乙型肝炎、丙型肝炎、丁型肝炎、戊型肝炎。通过实验诊断排除上述类型的肝炎者,称为"非甲—戊型肝炎"。

②病毒性肝炎的传染源。

a.甲型肝炎无病毒携带状态,传染源为急性期患者和隐性感染者。粪便排毒期在起病前 2 周至血清转氨酶高峰期后 1 周,少数患者延长至病后 30 天。

b.乙型肝炎属于常见传染病,可通过母婴、血液和体液传播。传染源主要是急、慢性乙型肝炎患者和病毒携带者。急性患者在潜伏期末及急性期有传染性,但不超过 6 个月。慢性患者和病毒携带者作为传染源预防的意义重大。

c.丙型肝炎的传染源是急、慢性患者和无症状病毒携带者。

d.丁型肝炎的传染源与乙型肝炎相似。

e.戊型肝炎的传染源与甲型肝炎相似。

③病毒性肝炎的症状。

a.疲乏无力、懒动、下肢酸困不适,稍加活动则难以支持。

b.食欲不振、食欲减退、厌油、恶心、呕吐及腹胀,往往食后加重。

c.部分病人尿黄、尿色如浓茶,大便色淡或灰白,腹泻或便秘。

d.右上腹部有持续性腹痛,个别病人可呈针刺样或牵拉样疼痛,于活动、久坐后加重,卧床休息后可缓解,右侧卧时加重,左侧卧时减轻。

e.医生检查可有肝脏肿大、压痛、肝区叩击痛、肝功能损害,部分病例出现发热及黄疸表现。

f.血清谷丙转氨酶及血中总胆红素升高有助于诊断,也可进一步做血清免疫学检查及明确肝炎类型。

④病毒性肝炎的预防。病毒性肝炎预防应采取以切断传播途径为重点的综合性措施。

对甲型、戊型肝炎,重点抓好水源保护、饮水消毒、食品加工、粪便管理等,切断粪—口途径传播,注意个人卫生,饭前、便后洗手,不喝生水,生吃瓜果要洗净。对于急性病如甲型和戊型肝炎病人接触的易感人群,应注射人血丙种球蛋白,注射时间越早越好。

对乙型、丙型和丁型肝炎,重点在于防止通过血液和体液的传播,各种医疗及预防注射,应实行一人一针一管,对带血清的污染物应严格消毒,对血液和血液制品应严格检测。对学龄前儿童和密切接触者,应接种乙肝疫苗;乙肝疫苗和乙肝免疫球蛋白联合应用可有效地阻断母婴传播;医务人员在工作中因医疗意外或医疗操作不慎感染乙肝病毒,应立即注射免疫球蛋白。

2. 职业病的预防和治疗

（1）职业病定义。

所谓职业病，是指企业、事业单位和个体经济组织的劳动者在职业活动中，因接触粉尘、放射性物质和其他有毒、有害物质等因素而引起的疾病。对于患职业病的，我国法律规定，应属于工伤，享受工伤待遇。

（2）建筑企业常见的职业病。

①接触各种粉尘引起的尘肺病。

②电焊工尘肺、眼病。

③直接操作振动机械引起的手臂振动病。

④油漆工、粉刷工接触有机材料散发的不良气体引起的中毒。

⑤接触噪声引起的职业性耳聋。

⑥长期超时、超强度地工作，精神长期过度紧张造成相应职业病。

⑦高温中暑等。

（3）职业病鉴定与保障。

劳动者如果怀疑所得的疾病为职业病，应当及时到当地卫生部门批准的职业病诊断机构进行职业病诊断。对诊断结论有异议的，可以在 30 日内到市级卫生行政部门申请职业病诊断鉴定，鉴定后仍有异议的，可以在 15 日内到省级卫生行政部门申请再鉴定。被诊断、鉴定为职业病，所在单位应当自被诊断、鉴定为职业病之日起 30 日内，向统筹地区劳动保障行政部门提出工伤认定申请。

提示：劳动者日常需要注意收集与职业病相关的材料。

（4）职业病的诊断。

根据《中华人民共和国职业病防治法》(以下简称《职业病防治法》)和《职业病诊断与鉴定管理办法》的有关规定,具体程序为:

①职业病诊断应当由省级以上人民政府卫生行政部门批准的医疗卫生机构承担,劳动者可以在用人单位所在地或者本人居住地依法承担职业病诊断的医疗卫生机构进行职业病诊断。

②当事人申请职业病诊断时应当提供以下材料:

a. 职业史、既往史。

b. 职业健康监护档案复印件。

c. 职业健康检查结果。

d. 工作场所历年职业病危害因素检测、评价资料。

e. 诊断机构要求提供的其他必需的有关材料。

③职业病诊断应当依据职业病诊断标准,结合职业病危害接触史、工作场所职业病危害因素检测与评价、临床表现和医学检查结果等资料,综合做出分析。

④职业病诊断机构在进行职业病诊断时,应当组织三名以上取得职业病诊断资格的执业医师进行集体诊断。

⑤职业病诊断机构做出职业病诊断后,应当向当事人出具职业病诊断证明书。职业病诊断证明书应当明确是否患有职业病,对患有职业病的,还应当载明所患职业病的名称、程度(期别)、处理意见和复查时间。

⑥当事人对职业病诊断有异议的,在接到职业病诊断证明书之日起 30 日内,可以向做出诊断的医疗卫生机构所在地的市级卫生行政部门申请鉴定。

⑦当事人申请职业病诊断鉴定时,应当提供以下材料:

a. 职业病诊断鉴定申请书。

b. 职业病诊断证明书。

c.其他有关资料。职业病诊断鉴定办事机构应当自收到申请资料之日起 10 日内完成材料审核,对材料齐全的发给受理通知书;材料不全的,通知当事人补充。职业病诊断鉴定办事机构应当在受理鉴定之日起 60 日内组织鉴定。

⑧鉴定委员会应当认真审查当事人提供的材料,必要时可听取当事人的陈述和申辩,对被鉴定人进行医学检查,对被鉴定人的工作场所进行现场调查取证。

⑨职业病诊断鉴定书应当包括以下内容:

a.劳动者、用人单位的基本情况及鉴定事由。

b.参加鉴定的专家情况。

c.鉴定结论及其依据,如果为职业病,应当注明职业病名称、程度(期别)。

d.鉴定时间。职业病诊断鉴定书应当于鉴定结束之日起20 日内由职业病诊断鉴定办事机构发送给当事人。

(5)劳动者有权利拒绝从事容易发生职业病的工作。

劳动者依法享有保持自己身体健康的权利,因此,对于是否选择从事存在职业病危害的工作,应当由劳动者依照其自己的意愿决定。而要使劳动者能够自行决定是否选择从事该工作,就应当保证劳动者对相关工作内容以及其可能带来的危害有一定的了解。正因为如此,《职业病防治法》规定:"用人单位与劳动者订立劳动合同(含聘用合同,下同)时,应当将工作过程中可能产生的职业病危害及其后果、职业病防护措施和待遇等如实告知劳动者,并在劳动合同中写明,不得隐瞒或者欺骗。""劳动者在已订立劳动合同期间因工作岗位或者工作内容变更,从事与所订立劳动合同中未告知的存在职业病危害的作业时,用人单位应当依照前款规定,向劳动者履行如实告知的义务,并协商变更原劳动合同相关条款。""用人单位违反前两款规定的,劳动者有权拒绝从事存在职业病危害的作业,用人单位不得因此解除或者终止与劳动者所订立的劳动合同。"

另外,根据《职业病防治法》的规定,用人单位违反本规定,订立或者变更劳动合同时,未告知劳动者职业病危害真实情况的,由卫生行政部门责令限期改正,给予警告,可以并处2万元以上5万元以下的罚款。

根据前述规定,如果用人单位没有将工作过程中可能产生的职业病危害及其后果、职业病防护措施和待遇等如实告知劳动者,并在劳动合同中写明,那么劳动者就有权利拒绝从事存在职业病危害的作业,并且用人单位不得因劳动者拒绝从事该作业而解除或者终止劳动者的劳动合同。

(6)患职业病的劳动者有权获得相应的保障。

①患职业病的劳动者有权利获得职业保障。《中华人民共和国劳动合同法》规定,用人单位以下情形不得解除劳动合同:

a.患职业病或者因工负伤并确认丧失或者部分丧失劳动能力的。

b.患病或者负伤,在规定的医疗期内的。职业病病人依法享受国家规定的职业病待遇,用人单位对不适宜继续从事原工作的职业病病人,应当调离原岗位,并妥善安置。

②患职业病的劳动者有权利获得医疗保障。《职业病防治法》规定:"职业病病人依法享受国家规定的职业病待遇。用人单位应当按照国家有关规定,安排职业病病人进行治疗、康复和定期检查。"

③患职业病的劳动者有权利获得生活保障。《职业病防治法》规定:"劳动者被诊断患有职业病,但用人单位没有依法参加工伤社会保险的,其医疗和生活保障由最后的用人单位承担。"

④患职业病的劳动者有权利依法获得赔偿。职业病病人除依法享有工伤社会保险外,依照有关民事法律,尚有获得赔偿的权利的,有权向用人单位提出赔偿要求。

(7)职工患职业病后的一次性处理规定。

职工患病后,应当先行治疗,然后进行职业病的诊断和鉴定。如果职工按照《职业病防治法》规定被诊断、鉴定为职业病,必须向劳动保障行政部门提出工伤认定申请,由劳动保障行政部门做出工伤认定。如果职工经治疗伤情相对稳定后存在残疾、影响劳动能力的,还应当进行劳动能力鉴定。最后职工才可按照《工伤保险条例》规定的标准享受工伤保险待遇。

以上程序是职工患职业病后享受工伤待遇所必需的,是切实保障职工合法权益的基础。但在实际生活中,一些用人单位和职工由于不懂工伤法律或者怕麻烦、图省事,在职工患病后就直接约定进行一次性工伤补助,这种做法是不可取的。当然,如果工伤职工愿意,待治愈或病情稳定做出工伤伤残等级鉴定后,可参照有关工伤的规定依法与企业达成一次性领取工伤待遇的相关协议。

(8)治疗职业病的有关费用支付。

首先应当明确的是,检查、治疗、诊断职业病的,劳动者本人不承担相关费用。这些费用依照规定,应当由用人单位负担或者从工伤保险基金中支付。

①职业健康检查费用由用人单位承担。

②救治急性职业病危害的劳动者,或者进行健康检查和医学观察,所需费用由用人单位承担。

③职业病诊断鉴定费用由用人单位承担。

④因职业病进行劳动能力鉴定的,鉴定费从工伤保险基金中支付。

⑤因职业病需要治疗的,相关费用按照工伤的规定处理。

还需要说明的是,不管是职业病还是其他原因发生的工伤,都必须进行彻底的治疗,相关的费用不管花了多少,都应当依法予以报销,即"工伤索赔上不封顶"。

(9)劳动者在职业病防治中须承担的义务。

①认真接受用人单位的职业卫生培训,努力学习和掌握必要的职业卫生知识。

②遵守职业卫生法规、制度、操作规程。

③正确使用与维护职业危害防护设备及个人防护用品。

④及时报告事故隐患。

⑤积极配合上岗前、在岗期间和离岗时的职业健康检查。

⑥如实提供职业病诊断、鉴定所需的有关资料等。

重点:熟知职业安全卫生警示标志,禁止不安全的操作行为,正确使用个人防护用品。

(10)建筑企业常见职业病及预防控制措施。

①接触各种粉尘引起的尘肺病预防控制措施。

作业场所防护措施:加强水泥等易扬尘的材料的存放处、使用处的扬尘防护,任何人不得随意拆除,在易扬尘部位设置警示标志。

个人防护措施:落实相关岗位的持证上岗,给施工作业人员提供扬尘防护口罩,杜绝施工操作人员的超时工作。

②电焊工尘肺、眼病的预防控制措施。

作业场所防护措施:为电焊工提供通风良好的操作空间。

个人防护措施:电焊工必须持证上岗,作业时佩戴有害气体防护口罩、眼睛防护罩,杜绝违章作业,采取轮流作业,杜绝施工操作人员的超时工作。

③直接操作振动机械引起的手臂振动病的预防控制措施。

作业场所防护措施：在作业区设置预防职业病警示标志。

个人防护措施：机械操作工要持证上岗，提供振动机械防护手套，延长换班休息时间，杜绝作业人员的超时工作。

④油漆工、粉刷工接触有机材料散发不良气体引起的中毒预防控制措施。

作业场所防护措施：加强作业区的通风排气措施。

个人防护措施：相关工种持证上岗，给作业人员提供防护口罩，轮流作业，杜绝作业人员的超时工作。

⑤接触噪声引起的职业性耳聋的预防控制措施。

作业场所防护措施：在作业区设置防职业病警示标志，对噪声大的机械加强日常保养和维护，减少噪声污染。

个人防护措施：为施工操作人员提供劳动防护耳塞轮流作业，杜绝施工操作人员的超时工作。

⑥长期超时、超强度地工作，精神长期过度紧张所造成相应职业病的预防控制措施。

作业场所防护措施：提高机械化施工程度，减小工人劳动强度，为职工提供良好的生活、休息、娱乐场所，加强施工现场文明施工。

个人防护措施：不盲目抢工期，即使抢工期也必须安排充足的人员能够按时换班作业，采取 8h 作业换班制度，及时发放工人工资，稳定工人情绪。

⑦高温中暑的预防控制措施。

作业场所防护措施：在高温期间，为职工备足饮用水或绿豆汤、防中暑药品、器材。

个人防护措施：减少工人工作时间，尤其是延长中午休息时间。

提示：工作场所自觉做好个人安全防护。

四、工地施工现场急救知识

施工现场急救基本常识主要包括应急救援基本常识、触电急救知识、创伤救护知识、火灾急救知识、中毒及中暑急救知识以及传染病急救措施等，了解并掌握这些现场急救基本常识，是做好安全工作的一项重要内容。

1. 应急救援基本常识

（1）施工企业应建立企业级重大事故应急救援体系，以及重大事故救援预案。

（2）施工项目应建立项目重大事故应急救援体系，以及重大事故救援预案；在实行施工总承包时，应以总承包单位事故预案为主，各分包队伍也应有各自的事故救援预案。

（3）重大事故的应急救援人员应经过专门的培训，事故的应急救援必须有组织、有计划地进行；严禁在未清楚事故情况下，盲目救援，以免造成更大的伤害。

（4）事故应急救援的基本任务：

①立即组织营救受害人员，组织撤离或者采取其他措施保护危害区域内的其他人员。

②迅速控制事态，并对事故造成的危害进行检测、监测，测定事故的危害区域、危害性质及危害程度。

③消除危害后果，做好现场恢复。

④查清事故原因，评估危害程度。

2. 触电急救知识

触电者的生命能否获救，在绝大多数情况下取决于能否迅速脱离电源和正确地实行人工呼吸和心脏按摩。拖延时间、动作迟缓或救护不当,都可能造成人员伤亡。

(1)脱离电源的方法。

①发生触电事故时,附近有电源开关和电流插销的,可立即将电源开关断开或拔出插销;但普通开关(如拉线开关、单极按钮开关等)只能断一根线,有时不一定关断的是相线,所以不能认为是切断了电源。

②当有电的电线触及人体引起触电,不能采用其他方法脱离电源时,可用绝缘的物体(如干燥的木棒、竹竿、绝缘手套等)将电线移开,使人体脱离电源。

③必要时可用绝缘工具(如带绝缘柄的电工钳、木柄斧头等)切断电线,以切断电源。

④应防止人体脱离电源后造成的二次伤害,如高处坠落、摔伤等。

⑤对于高压触电,应立即通知有关部门停电。

⑥高压断电时,应戴上绝缘手套,穿上绝缘鞋,用相应电压等级的绝缘工具切断开关。

(2)紧急救护基本常识。

根据触电者的情况,进行简单的诊断,并分别处理:

①病人神志清醒,但感到乏力、头昏、心悸、出冷汗,甚至有恶心或呕吐症状。此类病人应使其就地安静休息,减轻心脏负担,加快恢复;情况严重时,应立即小心送往医院检查治疗。

②病人呼吸、心跳尚存在,但神志昏迷。此时,应将病人仰卧,周围空气要流通,并注意保暖;除了要严密观察外,还要做好人工呼吸和心脏挤压的准备工作。

③如经检查发现,病人处于"假死"状态,则应立即针对不同类型的"假死"进行对症处理:如果呼吸停止,应用口对口的人工呼吸法来维持气体交换;如心脏停止跳动,应用体外人工心脏挤

压法来维持血液循环。

a. 口对口人工呼吸法：病人仰卧、松开衣物——→清理病人口腔阻塞物——→病人鼻孔朝天、头后仰——→捏住病人鼻子贴嘴吹气——→放开嘴鼻换气，如此反复进行，每分钟吹气 12 次，即每 5s 吹气 1 次。

b. 体外心脏挤压法：病人仰卧硬板上——→抢救者用手掌对病人胸口凹膛——→掌根用力向下压——→慢慢向下——→突然放开，连续操作，每分钟进行 60 次，即每秒一次。

c. 有时病人心跳、呼吸停止，而急救者只有一人时，必须同时进行口对口人工呼吸和体外心脏挤压，此时，可先吹两次气，立即进行挤压 15 次，然后再吹两次气，再挤压，反复交替进行。

▶ 3. 创伤救护知识

创伤分为开放性创伤和闭合性创伤。开放性创伤是指皮肤或黏膜的破损，常见的有：擦伤、切割伤、撕裂伤、刺伤、撕脱、烧伤；闭合性创伤是指人体内部组织损伤，而皮肤黏膜没有破损，常见的有：挫伤、挤压伤。

（1）开放性创伤的处理。

①对伤口进行清洗消毒可用生理盐水和酒精棉球，将伤口和周围皮肤上沾染的泥沙、污物等清理干净，并用干净的纱布吸收水分及渗血，再用酒精等药物进行初步消毒。在没有消毒条件的情况下，可用清洁水冲洗伤口，最好用流动的自来水冲洗，然后用干净的布或敷料吸干伤口。

②止血。对于出血不止的伤口，能否做到及时有效地止血，对伤员的生命安危影响较大。在现场处理时，应根据出血类型和部位不同采用不同的止血方法：直接压迫——→将手掌通过敷

料直接加压在身体表面的开放性伤口的整个区域;抬高肢体——对于手、臂、腿部严重出血的开放性伤口都应抬高,使受伤肢体高于心脏水平线;压迫供血动脉——手臂和腿部伤口的严重出血,如果应用直接压迫和抬高肢体仍不能止血,就需要采用压迫点止血技术;包扎——使用绷带、毛巾、布块等材料压迫止血,保护伤口,减轻疼痛。

③烧伤的急救。应先去除烧伤源,将伤员尽快转移到空气流通的地方,用较干净的衣服把伤面包裹起来,防止再次污染;在现场,除了化学烧伤可用大量流动清水冲洗外,对创面一般不做处理,尽量不弄破水泡,保护表皮。

(2)闭合性创伤的处理。

①较轻的闭合性创伤,如局部挫伤、皮下出血,可在受伤部位进行冷敷,以防止组织继续肿胀,减少皮下出血。

②如发现人员从高处坠落或摔伤等意外时,要仔细检查其头部、颈部、胸部、腹部、四肢、背部和脊椎,看看是否有肿胀、青紫、局部压疼、骨摩擦声等其他内部损伤。假如出现上述情况,不能对患者随意搬动,需按照正确的搬运方法进行搬运;否则,可能造成患者神经、血管损伤并加重病情。

现场常用的搬运方法有:担架搬运法——用担架搬运时,要使伤员头部向后,以便后面抬担架的人可随时观察其变化;单人徒手搬运法——轻伤者可扶着走,重伤者可让其伏在急救者背上,双手绕颈交叉垂下,急救者用双手自伤员大腿下抱住伤员大腿。

③如怀疑有内伤,应尽早使伤员得到医疗处理;运送伤员时要采取卧位,小心搬运,注意保持呼吸道畅通,注意防止休克。

④运送过程中,如突然出现呼吸、心跳骤停时,应立即进行

人工呼吸和体外心脏挤压法等急救措施。

🌓 4.火灾急救知识

一般地说,起火要有三个条件,即可燃物(木材、汽油等)、助燃物(氧气等)和点火源(明火、烟火、电焊花等)。扑灭初起火灾的一切措施,都是为了破坏已经产生的燃烧条件。

(1)火灾急救的基本要点。

施工现场应有经过训练的义务消防队,发生火灾时,应由义务消防队急救,其他人员应迅速撤离。

①及时报警,组织扑救。全体员工在任何时间、地点,一旦发现起火都要立即报警,并在确保安全前提下参与和组织群众扑灭火灾。

②集中力量,主要利用灭火器材,控制火势,集中灭火力量在火势蔓延的主要方向进行扑救,以控制火势蔓延。

③消灭飞火,组织人力监视火场周围的建筑物、露天物资堆放场所的未尽飞火,并及时扑灭。

④疏散物资,安排人力和设备,将受到火势威胁的物资转移到安全地带,阻止火势蔓延。

⑤积极抢救被困人员。人员集中的场所发生火灾,要有熟悉情况的人做向导,积极寻找和抢救被困的人员。

(2)火灾急救的基本方法。

①先控制,后消灭。对于不可能立即扑灭的火灾,要先控制火势,具备灭火条件时再展开全面进攻,一举消灭。

②救人重于救火。灭火的目的是为了打开救人通道,使被困的人员得到救援。

③先重点,后一般。重要物资和一般物资相比,先保护和抢救重要物资;火势蔓延猛烈方面和其他方面相比,控制火势蔓延

的方面是重点。

④正确使用灭火器材。水是最常用的灭火剂,取用方便,资源丰富,但要注意水不能用于扑救带电设备的火灾。各种灭火器的用途和使用方法如下:

酸碱灭火器:倒过来稍加摇动或打开开关,药剂喷出。适用于扑救油类火灾。

泡沫灭火器:把灭火器筒身倒过来,打开保险销,把喷管口对准火源,拉出拉环,即可喷出。适合于扑救木材、棉花、纸张等火灾,不能扑救电气、油类火灾。

二氧化碳灭火器:一手拿好喇叭筒对准火源,另一手打开开关既可。适合于扑救贵重仪器和设备,不能扑救金属钾、钠、镁、铝等物质的火灾。

干粉灭火器:打开保险销,把喷管口对准火源,拉出拉环,即可喷出。适用于扑救石油产品、油漆、有机溶剂和电气设备等火灾。

⑤人员撤离火场途中被浓烟围困时,应采取低姿势行走或匍匐穿过浓烟,有条件时可用湿毛巾等捂住嘴鼻,以便顺利撤出烟雾区;如无法进行逃生,可向建筑物外伸出衣物或抛出小物件,发出求救信号引起注意。

⑥进行物资疏散时应将参加疏散的员工编成组,指定负责人首先疏散通道,其次疏散物资,疏散的物资应堆放在上风向的安全地带,不得堵塞通道,并要派人看护。

5. 中毒及中暑急救知识

施工现场发生的中毒主要有食物中毒、燃气中毒及毒气中毒;中暑是指人员因处于高温高热的环境而引起的疾病。

(1)食物中毒的救护。

①发现饭后有多人呕吐、腹泻等不正常症状时,尽量让病人大量饮水,刺激喉部使其呕吐。

②立即将病人送往就近医院或打120急救电话。

③及时报告工地负责人和当地卫生防疫部门,并保留剩余食品以备检验。

(2)燃气中毒的救护。

①发现有人煤气中毒时,要迅速打开门窗,使空气流通。

②将中毒者转移到室外实行现场急救。

③立即拨打120急救电话或将中毒者送往就近医院。

④及时报告有关负责人。

(3)毒气中毒的救护。

①在井(地)下施工中有人发生毒气中毒时,井(地)上人员绝对不要盲目下去救助;必须先向出事点送风,救助人员装备齐全安全保护用具,才能下去救人。

②立即报告工地负责人及有关部门,现场不具备抢救条件时,应及时拨打110或120电话求救。

(4)中暑的救护。

①迅速转移。将中暑者迅速转移至阴凉通风的地方,解开衣服,脱掉鞋子,让其平卧,头部不要垫高。

②降温。用凉水或50%酒精擦其全身,直到皮肤发红、血管扩张以促进散热。

③补充水分和无机盐类。能饮水的患者应鼓励其喝足量盐开水或其他饮料,不能饮水者,应予静脉补液。

④及时处理呼吸、循环衰竭。呼吸衰竭时,可注射尼可刹明或山梗茶碱;循环衰竭时,可注射鲁明那钠等镇静药。

⑤医疗条件不完善时,应对患者严密观察,精心护理,送往附近医院进行抢救。

6.传染病急救措施

由于施工现场的人员较多,如果控制不当,容易造成集体感染传染病。因此需要采取正确的措施加以处理,防止大面积人员感染传染病。

(1)如发现员工有集体发烧、咳嗽等不良症状,应立即报告现场负责人和有关主管部门,对患者进行隔离加以控制,同时启动应急救援方案。

(2)立即把患者送往医院进行诊治,陪同人员必须做好防护隔离措施。

(3)对可能出现病因的场所进行隔离、消毒,严格控制疾病的再次传播。

(4)加强现场员工的教育和管理,落实各级责任制,严格履行员工进出现场登记手续,做好病情的监测工作。

参 考 文 献

[1] 中华人民共和国住房和城乡建设部. 建筑装饰装修工程质量验收规范
    (GB 50210－2001)[S]. 北京：中国建筑工业出版社，2001.

[2] 建设部干部学院. 涂裱工. [M]. 武汉：华中科技大学出版社，2009.

[3] 建筑工人职业技能培训教材编委会. 抹灰工（第二版）[M]. 北京：中国
    建筑工业出版社，2015.

[4] 中华人民共和国住房和城乡建设部. 住宅装饰装修工程施工规范（GB
    50327－2001)[S]. 北京：中国建筑工业出版社，2001.

[5] 刘永海. 涂装工（技师、高级技师）[M]. 北京：机械工业出版社，2013.

[6] 中华人民共和国住房和城乡建设部. 建筑施工安全技术统一规范（GB
    50870－2013)[S]. 北京：中国建筑工业出版社，2014.

[7] 建设部人事教育司. 抹灰工[M]. 北京：中国建筑工业出版社，2002.